"做中学 学中做"系列教材

Word 2010
案例教程

◎ 徐 兵　曾卫华　刘明保　主 编
◎ 方 伟　刘 芬　邵海燕　副主编

U0259370

电子工业出版社
Publishing House of Electronics Industry
北京·BEIJING

内 容 简 介

本书是 Word 2010 的基础实用教程，通过 10 个模块、50 个具体的实用项目，对 Word 2010 的基础操作、格式化文档、在文档中应用表格、图文混排文档、艺术字的应用、在文档中使用图形、文档版面的编排、长文档的制作、邮件合并、协同工作、自动化处理等内容进行了较全面的介绍，使读者可以轻松愉快地掌握 Word 2010 的操作与技能。

本书以大量的图示、清晰的操作步骤，剖析了使用 Word 的过程，既可作为高职院校、中职学校计算机相关专业的基础课程教材，也可作为计算机及信息高新技术考试、计算机等级考试、计算机应用能力考试等认证培训班的教材，还可作为初学者的办公软件自学教程。

未经许可，不得以任何方式复制或抄袭本书之部分或全部内容。
版权所有，侵权必究。

图书在版编目（CIP）数据

Word 2010 案例教程 / 徐兵，曾卫华，刘明保主编. —北京：电子工业出版社，2016.8

ISBN 978-7-121-24945-7

Ⅰ. ①W… Ⅱ. ①徐… ②曾… ③刘… Ⅲ. ①文字处理系统—中等专业学校—教材 Ⅳ. ①TP391.12

中国版本图书馆 CIP 数据核字（2014）第 275748 号

策划编辑：杨　波
责任编辑：杨　波
印　　刷：三河市良远印务有限公司
装　　订：三河市良远印务有限公司
出版发行：电子工业出版社
　　　　　北京市海淀区万寿路 173 信箱　邮编　100036
开　　本：787×1 092　1/16　印张：14.25　字数：364.8 千字
版　　次：2016 年 8 月第 1 版
印　　次：2024 年 7 月第 15 次印刷
定　　价：34.00 元

前　言

陶行知先生曾提出"教学做合一"的理论，该理论十分重视"做"在教学中的作用，认为"要想教得好，学得好，就须做得好"。这就是被广泛应用在教育领域的"做中学，学中做"理论，实践能力不是通过书本知识的传递来获得发展，而是通过学生自主地运用多样的活动方式和方法，尝试性地解决问题来获得发展的。从这个意义上讲，综合实践活动的实施过程，就是学生围绕实际行动的活动任务进行方法实践的过程，是发展学生的实践能力和基本"职业能力"的内在驱动。

探索、完善和推行"做中学，学中做"的课堂教学模式，是各级各类职业院校发挥职业教育课堂教学作用的关键，既强调学生在实践中的感悟，也强调学生能将自己所学的知识应用到实践之中，让课堂教学更加贴近实际、贴近学生、贴近生活、贴近职业。

本书从自学与教学的实用性、易用性出发，通过具体的行业应用案例，在介绍 Word 2010 的同时，重点说明 Word 与实际应用的内在联系；重点遵循 Word 使用人员日常事务处理规则和工作流程，帮助读者更加有序地处理日常工作，达到高效率、高质量和低成本的目的。这样，以典型的行业应用案例为出发点，贯彻知识要点，由简到难，易学易用，让读者在做中学，在学中做，学做结合，知行合一。

❖　编写体例特点

【你知道吗？】（引入学习内容）—【项目任务】（具体的项目任务）—【项目拓展】—【动手做】（学中做，做中学）—【知识拓展】（类似项目任务，举一反三）—【课后练习与指导】（代表性、操作性、实用性）。

在讲解过程中，如果遇到一些使用工具的技巧和诀窍，以"教你一招"、"提示"的形式加深读者印象，这样既增长了知识，同时也增强了学习的趣味性。

❖　本书内容

本书是 Word 2010 的基础实用教程，通过 10 个模块、50 个具体的实用项目，对 Word 2010 的基础操作、格式化文档、在文档中应用表格、图文混排文档、艺术字的应用、在文档中使用图形、文档版面的编排、长文档的制作、邮件合并、协同工作、自动化处理等内容进行了较全面的介绍，使读者可以轻松愉快地掌握 Word 2010 的操作与技能。

本书以大量的图示、清晰的操作步骤，剖析了使用 Word 的过程，既可作为高职院校、中职学校计算机相关专业的基础课程教材，也可作为计算机及信息高新技术考试、计算机等级考试、计算机应用能力考试等认证培训班的教材，还可作为初学者的办公软件自学教程。

❖　本书分工

本书由重庆三峡学院徐兵、湖南省衡东县职业中专学校曾卫华、刘明保担任主编，湖南机电职业技术学院方伟、惠州商贸旅游高级职业技术学校刘芬、南京新港职业技术学校邵海燕担任副主编，丁永富、于志博、师鸣若、黄世芝、朱海波、蔡锐杰、张博、李娟、孔敏霞、郭成、宋裔桂、王荣欣、郑刚、王大印、李晓龙、李洪江、底利娟、林佳恩、朱文娟、王少炳、陈天翔等参与编写。一些职业学校的老师参与试教和修改工作，在此表示衷心的感谢。由于编者水平有限，难免有错误和不妥之处，恳请广大读者批评指正。

✧ 课时分配

本书各模块教学内容和课时分配建议如下：

模 块	课 程 内 容	知 识 讲 解	学生动手实践	合　计
01	Word 2010 的基础操作——制作放假通知	2	2	4
02	格式化文档——制作招聘广告	2	2	4
03	Word 表格的应用——制作个人简历表	3	3	6
04	Word 的图文混排艺术——制作商品促销宣传单	2	2	4
05	在文档中使用图形——制作工作流程图	2	2	4
06	文档版面的编排——制作公司内部刊物	3	3	6
07	长文档的处理技巧——制作公司规章制度	3	3	6
08	邮件合并——制作工作证	3	3	6
09	协同工作——制作公司年终总结报告	2	2	4
10	Word 2010 综合应用——制作试卷	2	2	4
总计		24	24	48

注：本课程按照 48 课时设计，授课与上机按照 1：1 分配，课后练习可另外安排课时。课时分配仅供参考，教学中请根据各自学校的具体情况进行调整。

✧ 教学资源

为了提高学习效率和教学效果，方便教师教学，编者为本书配备了教学指南、相关行业的岗位职责要求、软件使用技巧、教师备课教案模板、授课 PPT 讲义、相关认证的考试资料等丰富的教学辅助资源。请有此需要的读者登录华信教育资源网（http://www.hxedu.com.cn）免费注册后进行下载，有问题时请在网站留言板留言或与电子工业出版社联系（E-mail:hxedu@phei.com.cn）。

编　者

目　录

V

你知道吗？

Office Word 2010 集一组全面的书写工具和易用界面于一体，可以帮助用户创建和共享美观的文档。Office Word 2010 全新的面向结果的界面可在用户需要时提供相应的工具，从而便于用户快速设置文档的格式。

应用场景

人们平常所见到的寻物启事、借条、公告等专业性较强的常用文档，如图 1-1 所示，这些都可以利用 Word 2010 来制作。

五一是国家法定的假日，在此期间某公司要放假，此时就需要书写一份放假通知并张贴公布，让员工及时了解放假信息，合理安排自己的时间。

如图 1-2 所示，就是利用 Word 2010 制作的放假通知，请读者根据本模块所介绍的知识和技能，完成这一工作任务。

寻物启事

本人于 2014 年 4 月 26 日晚，在宏泰购物广场不慎丢失红色钱包一个，里面有一张建设银行卡、身份证（名为：×××，出生日期为：××××年××月××日）、驾驶证（证件号为：××××）等。如果哪位好心人捡到请于本人联系，联系电话：×××××××××，必有酬谢！

联系人：×××

2014 年 4 月 27 日

图 1-1　寻物启事

2014 年×××集团公司五一劳动节放假通知

集团总部、各子公司、分公司：

五一即将来临，根据国务院办公厅部分节假日安排的通知精神，结合本公司的实际情况，经集团董事会研究决定五一放假 3 天，现将放假事宜通知如下：

一、放假时间：5 月 1 日至 3 日放假调休，共 3 天。5 月 4 日（星期日）上班。

二、放假注意事项：集团总部各部门、子公司、分公司要在 4 月 28 日前组织安全自查，杜绝安全隐患，全面落实安全工作责任制，做好防火、防盗、确保全体员工节日期间人身安全及财产安全。集团总部行政部将组织安全人员进行抽查。

三、值班人员安排及待遇：集团总部各部门、子公司、分公司根据实际情况安排值班，并将值班表上报集团总部行政部。值班工资严格按照国家规定，值班人员手机保持 24 小时开机，集团总部行政部行政总监电话抽查。

四、值班人职责：严格按照制度规定，违者给予严惩。

五、安全：各单位要认真学习贯彻本通知精神，强化安全意识，注意假期安全。

祝全体员工五一快乐、身体健康！

×××集团公司集团总部行政部

二〇一四年四月二十五日

图 1-2　五一放假通知

相关文件模板

利用 Word 2010 软件的基本功能，还可以制作领条、请假条、欠条、收条、海报、聘书、推荐信、说明书、证明信等。

为了方便读者，本书在配套的资料包中提供了部分常用的文件模板，具体文件路径如图 1-3 所示。

图 1-3　应用文件模板

背景知识

放假通知的应用范围很广，公司、企事业单位在国家法定节日放假时一般都要张贴放假通知，学校在放寒假和暑假时则一般都要发给学生放假通知书。

不同类型放假通知书的内容不尽相同，放假通知书中最基本的要素有：放假的时间、放假中注意的事项、单位落款以及书写通知的时间等。

另外，复杂的放假通知书还包含以下要素：

1．调休时间，在放假时如果有调休，则应注明。

2．需要值班的单位应在通知中告知在哪里获取值班表，或直接在通知后附上值班表。

3．中小学放假通知中则一般都要附有该学生的成绩单以及教师的评语等。

4．各级各类院校在放寒假和暑假时，学生和教职工的假期一般是不一样的，这时要分别写清楚学生的放假日期和教职工的放假日期。

5．祝福语。

设计思路

在放假通知的制作过程中，首先新建一个文档，然后采用中文输入法输入文本，在输入文本后对字体格式进行设置，使版面整齐美观，最后还应将文档保存起来。制作放假通知的关键步骤可分解为：

01 创建文档。

02 输入文本。

03 设置字体格式。

04 保存文档。

项目任务 1-1　启动 Word 2010

启动 Word 2010 最常用的方法就是在开始菜单中启动，选择开始→所有程序→Microsoft Office→Microsoft Word 2010 命令，即可启动 Word 2010。

启动 Word 2010 程序后，就可以打开如图 1-4 所示的窗口。窗口由快速访问工具栏、标题栏、动态命令选项卡、功能区、工作区和状态栏等部分组成。

1．快速访问工具栏

用户可以在快速访问工具栏上放置一些最常用的命令，例如新建文件、保存、撤销、打印等命令。快速访问工具栏类似 Word 之前版本中的工具栏，该工具栏中的命令按钮不会动态变换。用户可以非常灵活地增加、删除快速访问工具栏中的命令按钮。要向快速访问工具栏中增加或者删除命令，用户可以单击快速访问工具栏右侧的下三角形箭头，打开自定义快速访问工具栏列表，如图 1-5 所示。然后在其下拉列表中选中相应的命令，或者取消选中的命令。

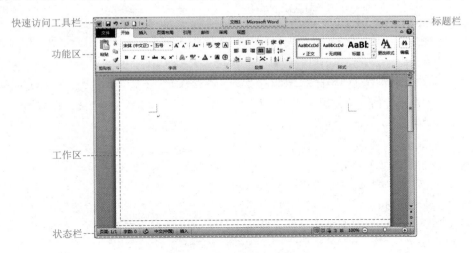

图 1-4　Word 2010 的工作界面

图 1-5　自定义快速访问工具栏列表

在自定义快速访问工具栏列表中选择在功能区下方显示命令，这时快速访问工具栏就会出现在功能区的下方。在下拉菜单中选择其他命令时，打开 Word 选项对话框，在 Word 选项对话框的快速访问工具栏选项设置页面中，选择相应的命令，单击添加按钮则可向快速访问工具栏中添加命令按钮，如图 1-6 所示。

图 1-6　Word 选项对话框

提示

将鼠标指针移动到快速访问工具栏的工具按钮上，稍等片刻，按钮旁边就会出现一个说明框，在说明框中会显示按钮的名称。

2．标题栏

标题栏位于屏幕的顶端，它显示了当前编辑的文档名称、文件格式兼容模式和 Microsoft Word 字样。其右侧的最小化按钮、还原按钮和关闭按钮，则分别用于窗口的最小化、还原和关闭操作。

3．功能区

微软公司对 Word 2010 用户界面所做的最大创新就是改变了下拉式菜单命令，取而代之的是全新的功能区命令工具栏。在功能区中，将 Word 2010 中的菜单命令重新组织在文件、开始、插入、页面布局、引用、邮件、审阅、视图选项卡中。而且在每个选项卡中，所有的命令都是以面向操作对象的思想进行设计的，并把命令分组进行组织。例如在开始选项卡中，包括了基本设置相关的命令，分为剪贴板选项组、字体选项组、段落选项组、样式选项组等，如图 1-7 所示。这样非常符合用户的操作习惯，便于记忆，从而提高操作效率。

图 1-7　开始选项卡

4．动态命令选项卡

在 Word 2010 中，会根据用户当前操作的对象自动地显示一个动态命令选项卡，该选项卡中的所有命令都和当前用户操作的对象相关。例如，若用户当前选择了文中的一张图片时，在功能区中，Word 会自动产生一个呈粉色高亮显示的图片工具动态命令选项卡，从图片参数的调整到图片效果样式的设置都可以在此动态命令选项卡中完成。用户可以在短时间内实现图片的处理，如图 1-8 所示。

图 1-8　动态命令选项卡

5．状态栏

状态栏位于窗口的底部，可以在其中显示当前文档的一些信息，如页码、当前光标在本页中的位置、字数、语言、缩放级别，编辑模式等信息，某些功能是处于禁止状态还是处于允许状态等。

项目任务 1-2　创建文档

使用 Word 2010 进行文字编辑和处理的第一步就是创建一个文档。在 Word 中有两种基本文件类型，即文档和模板，任何一个文档都必须基于某个模板。创建新文档时 Word 的默认设置是使用 Normal 模板创建文档，用户可以根据需要选择其他适当的模板来创建不同用途的文档。

在 Word 2010 中用户可以利用以下几种方法创建新文档：
- 创建新的空白文档。
- 利用模板创建。
- 创建博客文章。
- 创建书法字帖。

在启动 Word 2010 时，如果没有指定要打开的文件，Word 2010 将自动使用 Normal 模板创建一个名称为"文档 1"的新文档，表示这是启动 Word 2010 之后建立的第一个文档，如果继续创建其他的空白文档，Word 2010 会自动将其命名为"文档 2、文档 3……"。用户可以在空白文档的编辑区中输入文字，然后对其进行格式的编排。

教你一招

如果在 Word 2010 工作界面中，单击快速访问工具栏中的新建按钮，系统也会基于 Normal 模板创建一个新的空白文档。

项目任务 1-3　输入文本

输入文本是 Word 2010 最基本的操作之一，文本是文字、符号、图形等内容的总称。在创建文档后，如果想进行文本的输入，应首先选择一种熟悉的输入法，然后进行文本的输入操作。此外，为了方便文本的输入，Word 2010 还提供了一些辅助功能方便用户的输入，如用户可以插入特殊符号、插入日期和时间等。

动手做 1　使用输入法输入文本

在新建的空白文档的起始处有一个不断闪烁的竖线，它就是插入点，表示输入文本时的起始位置，如图 1-9 所示。

当鼠标光标在文档中自由移动时将呈现为 I 状，这和插入点处呈现的 I 状光标是不同的。在文档中定位光标，只要将鼠标光标移至要定位插入点的位置处，当鼠标光标变为 I 状时单击鼠标即可在当前位置定位插入点。

在输入文本时首先要选择一种中文输入法，用户可以根据自己的喜好选择不同的输入法进行文字的输入。用户可以在任务栏右端的语言栏上单击语言图标，打开输入法列表，如图 1-10 所示。在输入法列表中选择一种中文输入法，此时任务栏右端语言栏上的图标将会变为相应的输入法图标。

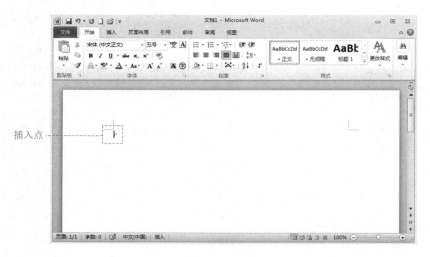

图 1-9　文档中的插入点

在文档中输入文本时插入点自动从左向右移动，这样用户就可以连续不断地输入文本。当输入到一行的最右端时将向下自动换行，也就是当插入点移到页面右边界时，再输入字符，插入点会自动移到下一行的行首位置。如果用户在一行没有到达该行的最右端时想换一个段落继续输入，可以按 Enter 键，这时无论是否到达页面边界，新输入的文本都会从新的段落开始，并且在上一行的末尾产生一个段落符号，如图 1-11 所示。

图 1-10　输入法列表

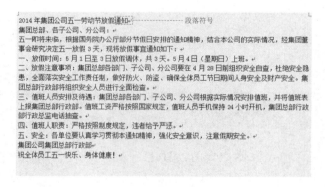

图 1-11　输入文本及文本中段落符号

教你一招

在某些情况下（如输入地址时），用户可能想为了保持地址的完整性而在到达页边距之前开始一个新的空行，如果按 Enter 键可以开始一个新行但是同时也开始了一个新的段落，为了使新行仍保留在一个段落里面而不是开始一个新的段落，可以按 Shift＋Enter 组合键，Word 就会插入一个换行符并把插入点自动移到下一行的开始处。

动手做 2　修改错误文本

在输入文本的过程中，难免会出现错误或不妥当的字词，例如在输入文本后发现"集团总部行政部将组织安全人员进行全面检查"中的"全面检查"用词不够准确，应修改为"抽查"；"注意假期安全"中的"注意"用词不够准确，应修改为"确保"。此时用户可以对这些文本进行修改。

将鼠标光标移到国庆节放假通知文档"全面检查"文本的前面，此时鼠标光标呈 I 状，单击鼠标，则将插入点定位在"全面检查"文本的前面，此时插入点处呈现 I 状光标。按 3 次 Delete 键删除插入点之后的"全面检"3 个字，然后输入"抽"字。

将鼠标光标移到五一劳动节放假通知文档"注意"文本的后面，单击鼠标将插入点定位在"注意"文本的后面，按 Backspace 键删除插入点之前的文本"注意"，然后输入文字"确保"。修改文本的效果如图 1-12 所示。

2014 年集团公司五一劳动节放假通知
集团总部、各子公司、分公司：
五一即将来临，根据国务院办公厅部分节假日安排的通知精神，结合本公司的实际情况，经集团董事会研究决定五一放假 3 天，现将放假事宜通知如下：
一、放假时间：5 月 1 日至 3 日放假调休，共 3 天。5 月 4 日（星期日）上班。
二、放假注意事项：集团总部各部门、子公司、分公司要在 4 月 28 日前组织安全自查，杜绝安全隐患，全面落实安全工作责任制，做好防火、防盗、确保全体员工节日期间人身安全及财产安全。集团总部行政部将组织安全人员进行抽查。
三、值班人员安排及待遇：集团总部各部门、子公司、分公司根据实际情况安排值班，并将值班表上报集团总部行政部。值班工资严格按照国家规定，值班人员手机保持 24 小时开机，集团总部行政部行政总监电话抽查。
四、值班人职责：严格按照制度规定，违者给予严惩。
五、安全：各单位要认真学习贯彻本通知精神，强化安全意识，确保假期安全。
集团公司集团总部行政部
祝全体员工五一快乐、身体健康！

图 1-12　修改文本的效果

教你一招

用户还可以通过下面的操作来删除错误的输入：
● 按 Ctrl+Backspace 组合键可以删除插入点之前的字（词）。
● 按 Ctrl+Delete 组合键可以删除插入点之后的字（词）。

动手做 3　选择文本

选择文本是文本的最基本操作之一，用鼠标选定文本的常用方法是把 I 状的鼠标指针指向要选定的文本开始处，单击鼠标并按住拖过要选定的文本，当拖动到选定文本的末尾时，松开鼠标左键，选定的文本呈反白显示。

例如，这里要选择文本"集团公司集团总部行政部"时，首先将鼠标指针移到该文本的开始处，单击定位鼠标，然后按住左键拖过文本"集团公司集团总部行政部"后松开，选中的文本呈反白显示，如图 1-13 所示。

2014 年集团公司五一劳动节放假通知
集团总部、各子公司、分公司：
五一即将来临，根据国务院办公厅部分节假日安排的通知精神，结合本公司的实际情况，经集团董事会研究决定五一放假 3 天，现将放假事宜通知如下：
一、放假时间：5 月 1 日至 3 日放假调休，共 3 天。5 月 4 日（星期日）上班。
二、放假注意事项：集团总部各部门、子公司、分公司要在 4 月 28 日前组织安全自查，杜绝安全隐患，全面落实安全工作责任制，做好防火、防盗、确保全体员工节日期间人身安全及财产安全。集团总部行政部将组织安全人员进行抽查。
三、值班人员安排及待遇：集团总部各部门、子公司、分公司根据实际情况安排值班，并将值班表上报集团总部行政部。值班工资严格按照国家规定，值班人员手机保持 24 小时开机，集团总部行政部行政总监电话抽查。
四、值班人职责：严格按照制度规定，违者给予严惩。
五、安全：各单位要认真学习贯彻本通知精神，强化安全意识，确保假期安全。
集团公司集团总部行政部
祝全体员工五一快乐、身体健康！

图 1-13　选择文本

如果要选定多块文本，可以先选定一块文本，然后在按住 Ctrl 键的同时拖动鼠标选择其他的文本，这样就可以选定不连续的多块文本。如果要选定的文本范围较大，用户可以首先在开始选取的位置处单击鼠标，接着按住 Shift 键，在要结束选取的位置处单击鼠标即可选定所需的大块文本。

动手做 4　移动文本

在普通纸上用笔书写文章时，如果有些语句的位置需要调整，可以划掉原来的文本，然后在需要的位置添加。在 Word 2010 文档中，如果需要调整文本的位置，用户可以使用剪切、粘贴的方法。

如文本"集团公司集团总部行政部"应放在文档的最后，但此时却在倒数第二段，用户可以使用移动文本的方法移动这些文本的位置。

首先选中文本"集团公司集团总部行政部"，将鼠标指针指向要选定的文本，当鼠标指针呈现箭头状时按住鼠标左键，拖动鼠标时指针将变成　　状，同时还会出现一条虚线表示插入点的位置，如图 1-14 所示。移动虚线插入点到要移到的目标位置，松开鼠标左键，选定的文本就从原来的位置被移动到了新的位置，如图 1-15 所示。

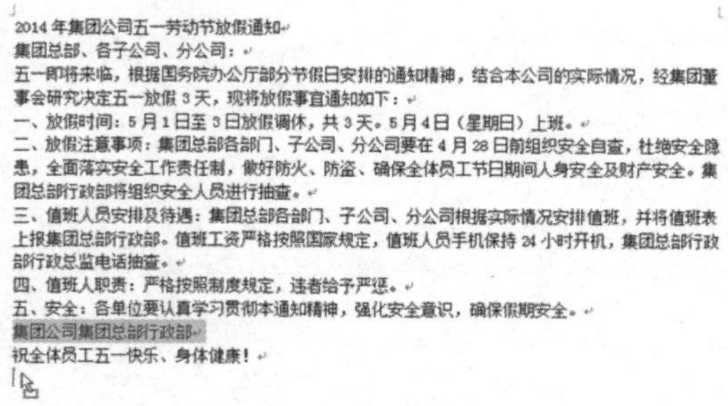

图 1-14　移动虚线插入点　　　　　　　　　图 1-15　移动文本的效果

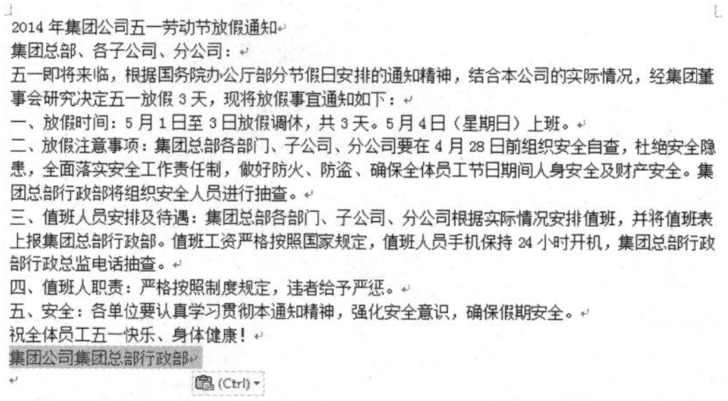

教你一招

如果要长距离地移动文本，例如将文本从当前页移动到另一页，或将当前文档中的部分内容移动到另一篇文档中，此时如果再用鼠标拖放的办法就很不方便，在这种情况下用户可以利用剪贴板来移动文本。

首先选定要移动的文本，然后在开始选项卡的剪贴板组中单击剪切按钮　，或按快捷键 Ctrl+X，此时剪切的内容被暂时放在剪贴板上。将插入点定位在新的位置，单击开始选项卡剪贴板组中的粘贴按钮，或按快捷键 Ctrl+V，可使选中的文本移到新的位置。

动手做 5　插入特殊符号

用户在文档中输入文本时有些特殊符号不能从键盘上直接输入，用户可以使用符号对话框插入。

例如，这里在第一行和最后一行的集团公司的前面插入×××，具体操作步骤如下：

01 将插入点定位在要插入特殊字符的位置，这里首先定位在第一行"集团公司"前面。

02 在功能选项区单击插入选项卡，然后在符号组中单击符号选项，打开符号列表，如图 1-16 所示。

03 在列表中选择其他符号命令，打开符号对话框，如图 1-17 所示。

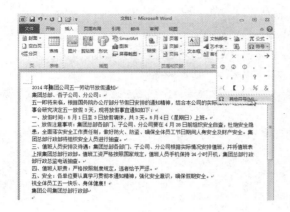

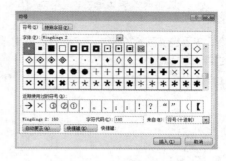

图 1-16　符号列表　　　　　　　　　　　　　　　图 1-17　符号对话框

04 在对话框中单击符号选项卡，在字体下拉列表中选择一种字体，如果该字体有子集，则在子集下拉列表中选择符号子集，这里选择 Wingdings 2。

05 在符号列表中选择要插入的符号×，单击 3 次 插入按钮，便可在文档中插入 3 个所选的符号。

06 不必关闭符号对话框，将鼠标光标定位在最后一行"集团公司"的前面，在符号列表中选择要插入的符号×，再继续单击 3 次插入按钮，便可在文档中插入 3 个所选的符号。

07 插入符号完毕单击关闭按钮，关闭符号对话框，在文档中插入符号后的效果如图 1-18 所示。

2014 年×××集团公司五一劳动节放假通知

集团总部、各子公司、分公司：

五一即将来临，根据国务院办公厅部分节假日安排的通知精神，结合本公司的实际情况，经集团董事会研究决定五一放假 3 天，现将放假事宜通知如下：

一、放假时间：5 月 1 日至 3 日放假调休，共 3 天。5 月 4 日（星期日）上班。

二、放假注意事项：集团总部各部门、子公司、分公司要在 4 月 28 日前组织安全自查，杜绝安全隐患，全面落实安全工作责任制，做好防火、防盗、确保全体员工节日期间人身安全及财产安全。集团总部行政部将组织安全人员进行抽查。

三、值班人员安排及待遇：集团总部各部门、子公司、分公司根据实际情况安排值班，并将值班表上报集团总部行政部。值班工资严格按照国家规定，值班人员手机保持 24 小时开机，集团总部行政部行政总监电话抽查。

四、值班人职责：严格按照制度规定，违者给予严惩。

五、安全：各单位要认真学习贯彻本通知精神，强化安全意识，确保假期安全。

祝全体员工五一快乐、身体健康！

×××集团公司集团总部行政部

插入的符号

图 1-18　插入符号后的效果

提示

在符号对话框中，用户也可以在符号列表中直接双击要插入的符号将其插入到文档中。

✥ 动手做 6　输入日期和时间

在五一劳动节放假通知的末尾一般都要写上日期，如果用户对日期的格式熟悉，可以直接输入，如果用户对日期的格式不是很熟悉，可以使用 Word 2010 插入时间和日期的方式输入。

Word 2010 提供了多种中英文的日期和时间格式，用户可以根据需要在文档中插入合适格式的时间和日期。

Word 2010 案例教程

例如，在放假通知中插入时间和日期，具体操作步骤如下：

01 将鼠标指针定位在文档最后面的空白段落中。

02 在功能选项区单击插入选项卡，在文本组中单击日期和时间选项，打开日期和时间对话框，如图 1-19 所示。

03 在语言（国家/地区）下拉列表框中选择一种语言，这里选择中文（中国），在可用格式列表中选择一种日期和时间格式。

04 单击确定按钮，插入日期后的效果如图 1-20 所示。

图 1-19　日期和时间对话框

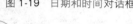

图 1-20　插入日期后的效果

提示

使用这种方法插入的是当前计算机系统的时间，如果用户需要的不是当前时间，可以在该时间格式的基础上进行修改。如果在日期和时间对话框中选中自动更新复选框，则插入的时间在每次打开文档时都可以自动更新。

项目任务 1-4　设置字体格式

字符是指作为文本输入的汉字、字母、数字、标点符号等。字符是文档格式化的最小元素，对字符格式的设置决定了字符在屏幕上或打印时的表现形式。

默认情况下，在新建的文档中输入文本时文字以正文文本的格式输入，即宋体五号字。通过设置字体格式可以使文字的效果更加突出。

动手做 1　利用功能区设置字符格式

如果要设置的字符格式比较简单，可以利用开始功能区中字体组中的按钮进行快速设置。例如，将放假通知文档中标题的字符格式设置为黑体、小二、加粗，具体操作步骤如下：

01 选中要设置字体格式的标题文本。

02 在开始选项卡字体选项组中单击字体组合列表框后的下三角形箭头，打开字体下拉列表，在字体组合列表框中选择黑体，如图 1-21 所示。如果要选择的字体没有显示出来，可以拖动下拉列表框右侧的滚动条来选择字体。

03 单击字号组合列表框后的下三角形箭头，打开字号下拉列表，在字号组合列表框中选择小二，如图 1-22 所示。

图 1-21 选择字体

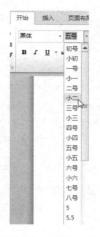

图 1-22 选择字号

04 在字体选项组中，单击加粗 **B** 按钮，设置标题为粗体。

设置标题文本的效果如图 1-23 所示。

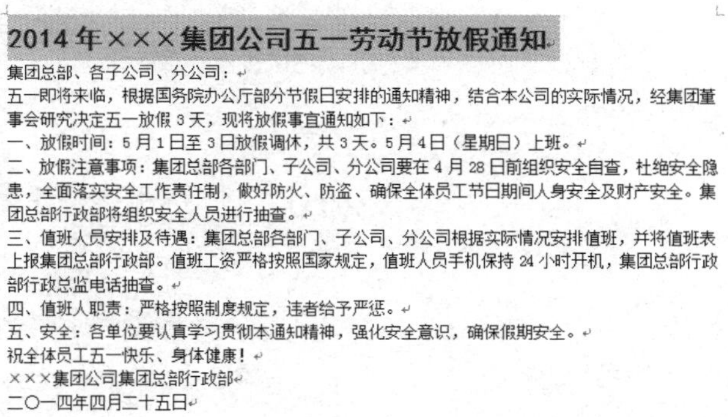

2014年×××集团公司五一劳动节放假通知

集团总部、各子公司、分公司：
五一即将来临，根据国务院办公厅部分节假日安排的通知精神，结合本公司的实际情况，经集团董事会研究决定五一放假 3 天，现将放假事宜通知如下：
一、放假时间：5 月 1 日至 3 日放假调休，共 3 天。5 月 4 日（星期日）上班。
二、放假注意事项：集团总部各部门、子公司、分公司要在 4 月 28 日前组织安全自查，杜绝安全隐患，全面落实安全工作责任制，做好防火、防盗、确保全体员工节日期间人身安全及财产安全。集团总部行政部将组织安全人员进行抽查。
三、值班人员安排及待遇：集团总部各部门、子公司、分公司根据实际情况安排值班，并将值班表上报集团总部行政部。值班工资严格按照国家规定，值班人员手机保持 24 小时开机，集团总部行政部行政总监电话抽查。
四、值班人职责：严格按照制度规定，违者给予严惩。
五、安全：各单位要认真学习贯彻本通知精神，强化安全意识，确保假期安全！
祝全体员工五一快乐、身体健康！
×××集团公司集团总部行政部
二〇一四年四月二十五日

图 1-23 设置标题文本的效果

用户还可以利用字体组中的其他相关工具按钮来设置字符的字形和效果：

● 加粗 **B**：单击加粗按钮使它显示被标记状态，可以使选中的文本出现加粗效果，再次单击加粗按钮可取消加粗效果。

● 倾斜 *I*：单击倾斜按钮使它显示被标记状态，可以使选中的文本出现倾斜效果，再次单击倾斜按钮可取消倾斜效果。

● 下画线 **U ▾**：单击下画线按钮使它显示被标记状态，可以为选中的文本自动添加下画线，单击按钮右侧的下三角形箭头可以选择下画线的线型和颜色，再次单击下画线按钮取消下画线效果。

● 字体颜色 **A ▾**：单击字体颜色按钮，可以改变选中的文本字体的颜色，单击按钮右侧的下三角形箭头选择不同的颜色，选择的颜色显示在该符号下面的粗线上，再次单击凹入状的字体颜色按钮取消字体颜色。

● 删除线 **abc**：单击删除线按钮时，可以在选中的文本的中间画一条线。

● 下标 **x₂**：单击下标按钮，可在文字基线下方创建小字符。

● 上标 **x²**：单击上标按钮，可在文字基线上方创建小字符。

Word 2010 案例教程

 教你一招

如果单纯设置字体大小可以利用快捷键进行设置，选中文本按 Ctrl+]组合键时增大文本字号，按 Ctrl+[组合键时缩小文本字号，另外也可以利用组合键 Ctrl+Shift+>或 Ctrl+Shift+<来增大或缩小文本字号。

动手做 2　利用字体对话框设置字符格式

如果要设置的字符格式比较复杂，可以在字体对话框中进行设置。

例如放假通知文档的正文段落中有中文和数字，在设置字体格式时中文和数字应设置成不同的字体格式，此时可以利用字体对话框设置，具体操作步骤如下：

01 选中放假通知文档的正文。

02 单击开始功能区字体组中右下角的对话框启动器按钮，打开字体对话框，单击字体选项卡，如图 1-24 所示。

03 在中文字体下拉列表中选择仿宋，在西文字体下拉列表中选择 Times New Roman，在字号列表中选择四号。

04 单击确定按钮，设置字符格式后的效果如图 1-25 所示。

图 1-24　字体对话框　　　　　　　　图 1-25　设置正文字体格式的效果

将鼠标光标定位在放假通知标题段落的最后，然后按 Enter 键在放假通知标题的下方添加一个空行。按照相同的方法在落款的上方添加一个空行。

将鼠标光标定位在放假通知标题文本的前面，然后连续多次按空格键，使标题位于居中的位置。

将鼠标光标定位在正文第二个段落前，连续两次按空格键，按照相同的方法设置下面的正文段落开头空两格。

将鼠标光标定位在落款段落前面，然后连续多次按空格键，使落款位于居右的位置。按照相同的方法设置日期位于居右的位置。

正文设置后的放假通知效果如图 1-26 所示。

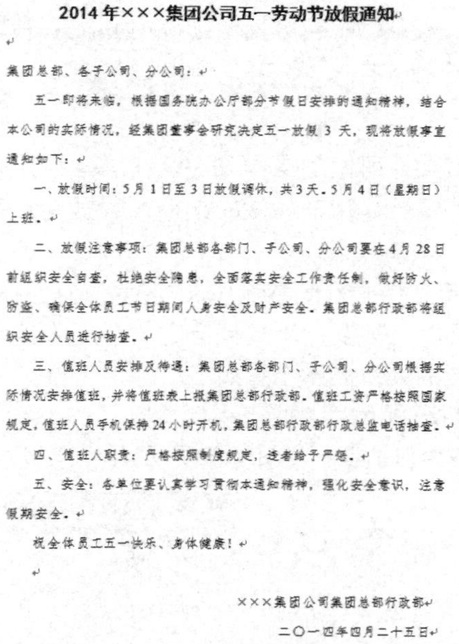

2014 年×××集团公司五一劳动节放假通知

集团总部、各子公司、分公司：

五一即将来临，根据国务院办公厅部分节假日安排的通知精神，结合
本公司的实际情况，经集团董事会研究决定五一放假 3 天，现将放假事宜
通知如下：

一、放假时间：5 月 1 日至 3 日放假调休，共 3 天。5 月 4 日（星期日）
上班。

二、放假注意事项：集团总部各部门、子公司、分公司要在 4 月 28 日
前组织安全自查，杜绝安全隐患，全面落实安全工作责任制，做好防火、
防盗、确保全体员工节日期间人身安全及财产安全。集团总部行政部将组
织安全人员进行抽查。

三、值班人员安排及待遇：集团总部各部门、子公司、分公司根据实
际情况安排值班，并将值班表上报集团总部行政部。值班工资严格按照国家
规定。值班人员手机保持 24 小时开机，集团总部行政部行政总监电话抽查。

四、值班人职责：严格按照制度规定，违者给予严惩。

五、安全：各单位要认真学习贯彻本通知精神，强化安全意识，注意
假期安全。

祝全体员工五一快乐、身体健康！

×××集团公司集团总部行政部
二〇一四年四月二十五日

图 1-26　放假通知的最终效果

项目任务 1-5　拼写和语法检查

文本输入结束后，会在一些词语或句子的下面出现红色或蓝色的波浪线，蓝色波浪线表示
语法错误，红色波浪线表示拼写错误。

用户仔细观察系统的提示，如果确实有误，可以直接将其更正，也可以把鼠标光标定位在带有
红色波浪线或蓝色波浪线的词语中右击，在弹出的快捷菜单中选择相应的命令进行更正。

例如，用户在会议记录文档中发现文本"经集团"标有蓝色波浪线，将鼠标光标移到蓝色
波浪线处右击，将会弹出如图 1-27 所示的快捷菜单。

如果单击忽略一次按钮，则忽略错误。单击语法命令，则打开语法对话框，如图 1-28 所示。
对话框中提示出错信息，并提供建议及修改方案，用户可根据实际情况选择修改或者忽略。

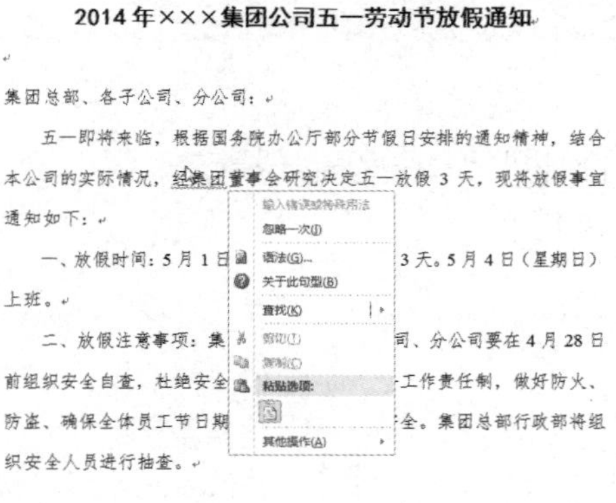

图 1-27　查看出错语法　　　　　　　　　　　图 1-28　语法对话框

Word 2010 的这种拼写和检查功能非常有利于用户发现在编辑过程中出现的错误，当然这
些都是系统默认的错误，有时并不一定是真正的错误。

项目任务 1-6　保存文档

在保存文件之前，用户对文件所做的操作仅保留在屏幕和计算机的内存中。如果用户关闭计算机，或遇突然断电等意外情况，用户所做的文档或数据就会丢失。因此用户应及时对文件进行保存。

虽然 Word 2010 在建立新文档时系统默认了文档的名称，但是它并没有被分配在磁盘上的文档名，因此，在保存新文档时，需要给新文档指定一个文件名。

保存新建的放假通知文档的具体操作步骤如下：

01 单击文件选项卡，如图 1-29 所示。

02 单击保存选项，打开另存为对话框，如图 1-30 所示。

图 1-29　文件选项卡

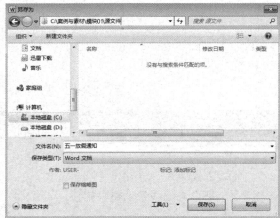

图 1-30　另存为对话框

03 在另存为对话框中选择文档的保存位置，这里选择案例与素材\模块01\源文件文件夹。

04 在文件名文本框中输入新的文档名会议记录，默认情况下 Word 2010 应用程序会自动赋予相应的扩展名为 Word 文档。

05 单击保存按钮。

教你一招

用户还可以在快速访问工具栏上单击保存按钮，打开另存为对话框。

提示

如果要以其他的文件格式保存新建的文件，在保存类型下拉列表中选择要保存的文档格式。为了避免 97-2003 版本打不开用 2010 版本创建的文档的情况，用户可以在保存类型下拉列表中选择 Word 97-2003 文档。

项目任务 1-7　退出 Word 2010

对文档的操作全部完成后，用户就可以关闭文档并退出 Word 2010 了。退出 Word 2010 程序有以下几种方法：

● 使用鼠标左键单击标题栏最右端的关闭按钮。
● 使用鼠标左键单击标题栏最左端的控制按钮图标 W，打开控制菜单，然后单击关闭命令。
● 在标题栏的任意处右击，然后在弹出的快捷菜单中选择关闭命令。
● 按 Alt+F4 或 Ctrl+W 组合键。

如果在退出之前没有保存修改过的文档，Word 2010 系统会弹出提示对话框，如图 1-31 所示。单击保存按钮，Word 2010 会保存文档，然后退出；单击不保存按钮，Word 2010 不保存文档，直接退出；单击取消按钮，Word 2010 会取消这次操作，返回到刚才的编辑窗口。

图 1-31　关闭文档时的信息提示对话框

项目拓展——制作授权委托书

授权委托书就是委托他人代表自己行使自己的合法权益，委托人在行使权力时需出具委托人的法律文书。而委托人不得以任何理由反悔委托事项。被委托人如果做出违背国家法律的任何权益，委托人有权终止委托协议，在委托人的委托书上的合法权益内，被委托人行使的全部职责和责任都将由委托人承担，被委托人不承担任何法律责任。制作的授权委托书效果如图 1-32 所示。

设计思路

在授权委托书的制作过程中，用户可以从网上下载一个授权委托书的模板，然后对模板进行编辑，制作授权委托书的关键步骤可分解为：

01 利用模板创建文档。
02 利用浮动工具栏设置字体格式。
03 设置字符间距。
04 保存修改后的文档。

∷ 动手做 1　利用模板创建文档

如果需要创建一个专业型的文档，如会议记录、备忘录、出版物等，而用户对这些专业文档的格式并不熟悉，则可以利用 Word 2010 提供的模板功能来建立一个比较专业的文档。

对要创建的授权委托书文档的格式不熟悉时可以利用模板来创建，创建授权委托书文档的具体操作步骤如下：

01 在 Word 2010 文档中单击文件按钮打开文件菜单，然后单击新建选项，如图 1-33 所示。

授 权 委 托 书

委托单位：

单位名称：河南民政污水处理有限公司

法人代表姓名：李国庆

地址：郑州市金水区五龙口

受委托人：

姓名：李强

住址：郑州市金水区大康路18号

工作单位名称：恒大律师事务所

法人代表姓名：王国民

地址：郑州市金水区华融大厦A座

现委托上列受委托人在我公司与华为集团经济纠纷一案中，作为

我方诉讼代理人。

受委托人权限如下：

代为陈述事实，参加辩论，代为承认、放弃或者变更诉讼请求，

进行调解与和解，提起反诉或者上诉

委托单位：河南民政污水处理有限公司

（盖章）

法定代表人：李国庆

（签名）

日期：2014年5月4日

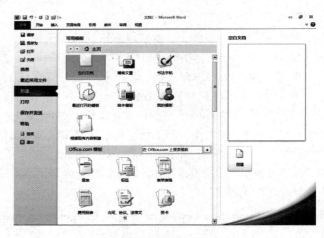

图 1-32 授权委托书　　　　　　　　　　图 1-33 新建选项

02 在 Office.com 下单击所需模板类别，然后在类别列表中选择模板。这里的所需模板类别有合同、协议、法律文书，如图 1-34 所示。在可用模板列表中选择授权委托书，在右侧会显示出该模板的缩略图，然后单击下载按钮，则开始从网上下载模板。

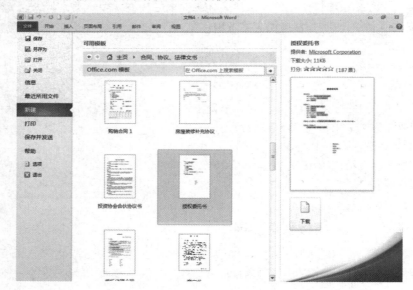

图 1-34 找到的模板

03 模板下载完毕后，自动打开一个文档，如图 1-35 所示。

04 在快速访问工具栏上单击保存按钮 ，打开另存为对话框。

05 选择文件的保存位置为案例与素材\模块 01\素材文件夹。

06 在文件名文本框中输入新的文档名授权委托书模板，单击保存按钮。

授权委托书

委托单位：
  单位名称：[单击此处输入单位名称]
  法人代表姓名：[法人代表姓名]
  地址：[地址]

受委托人：
  姓名：[单击此处输入姓名]
  职务：[职务]
  住址：[住址]
  工作单位名称：[工作单位]
  法人代表姓名：[法人代表姓名]
  地址：[地址]

现委托上列受委托人在[单击此处输入委托事由]一案中，作为我方诉讼代理人。

受委托人权限如下：
  [单击此处输入受委托人权限]

                委托单位：
                (盖章)
                法定代表人：
                (签名)
                日期：

图 1-35 从网上下载的授权委托书模板

教你一招

用户还可以在 Office.com 右侧的搜索框中输入模板的名称进行搜索，例如输入"会议记录"，然后单击开始搜索按钮，即可得到搜索结果。

提示

要想从 Microsoft Office Online 上下载模板，就要确保计算机与互联网相连接。

⫸ 动手做 2 利用浮动工具栏设置字体格式

浮动工具栏是 Word 2010 中一项极具人性化的功能，当 Word 2010 文档中的文字处于选中状态时，如果用户将鼠标指针移到被选中文字的右侧，将会出现一个半透明状的浮动工具栏。该工具栏中包含了常用的设置文字格式的命令，如字体、字号、颜色、居中对齐等命令。将鼠标指针移动到浮动工具栏上将使这些命令完全显示，进而可以方便地设置文字格式。

利用浮动工具栏设置字体格式的具体操作步骤如下：

01 选中标题授权委托书，将鼠标指针移到被选中文字的右侧，出现一个半透明状的浮动工具栏，在工具栏的字体列表中选择黑体，在字号列表中选择二号，效果如图 1-36 所示。

02 选中授权委托书的正文，然后在开始选项卡字体组中的字体列表中选择仿宋，在字号列表中选择四号。

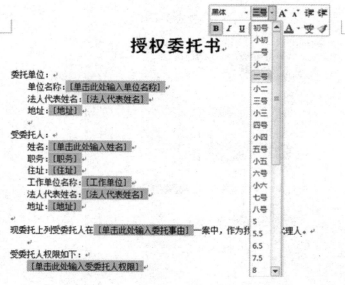

图 1-36　利用浮动工具栏设置标题字体格式

提示

　　如果不需要在 Word 2010 文档窗口中显示浮动工具栏，可在 Word 选项对话框将其关闭。在文档窗口单击文件选项卡，然后单击选项，打开 Word 选项对话框。取消常规选项中选择时显示浮动工具栏复选框的选中状态，如图 1-37 所示，单击确定按钮。

图 1-37　选择是否显示浮动工具栏

※ 动手做 3　设置字符间距

　　字符间距指的是文档中两个相邻字符之间的距离，对于一些特殊的文本，适当调整它们的字符间距可以使文档的版面更美观。通常情况下，采用单位磅来度量字符间距。

　　例如，加授权委托书文档的标题字符较少，用户可以适当调整它们的间距，具体操作步骤如下：

18

01 选中标题文本"授权委托书"。

02 在开始选项卡中单击字体组右下角的对话框启动器按钮，打开字体对话框，单击高级选项卡，如图 1-38 所示。

03 在间距下拉列表中选择加宽，并在其后的文本框中输入 5 磅，在下面的预览窗口中即可预览设置字符间距的效果。

04 单击确定按钮，加宽字符间距后的效果如图 1-39 所示。

图 1-38　设置字符间距

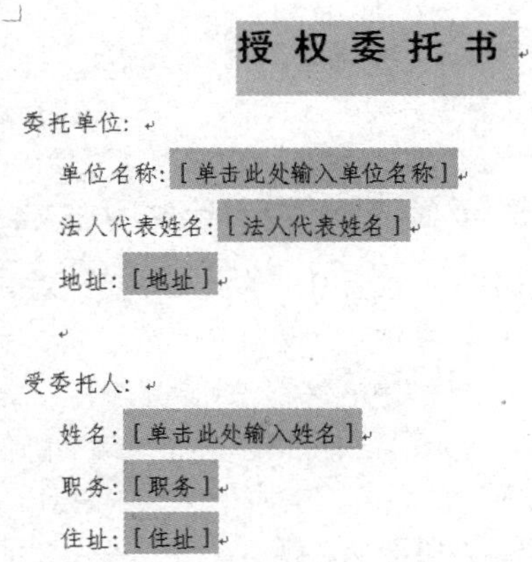

授 权 委 托 书

委托单位：

单位名称：[单击此处输入单位名称]

法人代表姓名：[法人代表姓名]

地址：[地址]

受委托人：

姓名：[单击此处输入姓名]

职务：[职务]

住址：[住址]

图 1-39　设置字符间距的效果

对授权委托书进行文本编辑，最终效果如图 1-40 所示。

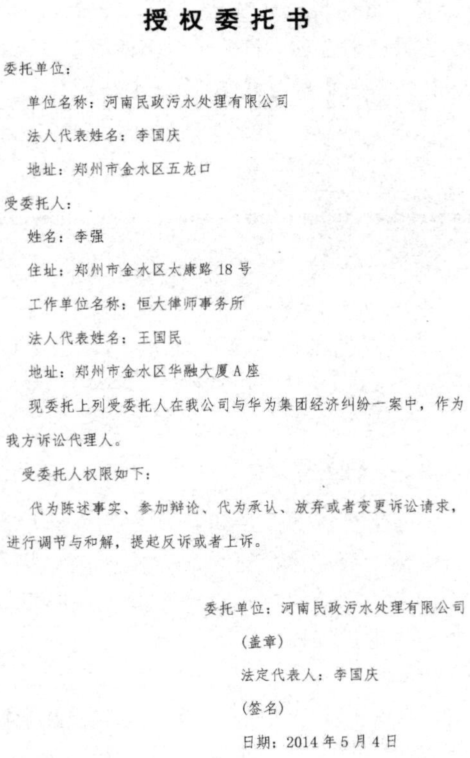

授 权 委 托 书

委托单位：

单位名称：河南民政污水处理有限公司

法人代表姓名：李国庆

地址：郑州市金水区五龙口

受委托人：

姓名：李强

住址：郑州市金水区大康路 18 号

工作单位名称：恒大律师事务所

法人代表姓名：王国民

地址：郑州市金水区华融大厦 A 座

现委托上列受委托人在我公司与华为集团经济纠纷一案中，作为我方诉讼代理人。

受委托人权限如下：

代为陈述事实、参加辩论、代为承认、放弃或者变更诉讼请求，进行调节与和解，提起反诉或者上诉。

委托单位：河南民政污水处理有限公司

（盖章）

法定代表人：李国庆

（签名）

日期：2014 年 5 月 4 日

图 1-40　授权委托书的最终效果

教你一招

　　在高级选项卡中用户还可以在缩放文本框中扩展或压缩文本,用户既可以在下拉列表框中选择 Word 中已经设定的比例,也可以直接在文本框中输入所需的百分比,缩放字符只能在水平方向上进行缩小或放大。

　　一般情况下,字符以行基线为中心,处于标准位置。用户可以根据需要在位置文本框中选择字符位置的类型是标准、提升或降低,如果为字符间距设置了提升或降低选项可以在右侧的磅值文本框中设置提升或降低的值。如图 1-41 所示为设置了字符间距、缩放和位置的文本效果。

动手做 4　保存修改后文档

　　对于保存过或者打开的文档,用户对其进行编辑后,若要保存可直接单击文件选项卡,然后单击保存选项,或单击快速访问工具栏中的保存按钮进行保存,此时不会打开另存为对话框,Word 会在用户原来保存文档的位置进行保存,并且将用修改过的内容覆盖原来文档的内容。

购销合同	购销合同 (原文)
购销合同	购销合同 (缩放为原来的 70%和 130%)
购销合同	购 销 合 同 (紧缩和加宽间距)
购销合同	购销合同 (提升和降低位置)

图 1-41　字符缩放、间距和位置设置效果

　　如果用户需要保存现有文件的备份,即对现有文件进行了修改,但是还需要保留原始文件,或在不同的目录下保存文件的备份,用户也可以使用另存为命令,在另存为对话框中指定不同的文件名或目录保存文件,这样原始文件保持不变。

　　例如刚才已经将下载的模板保存为"授权委托书模板",保存后又对文档进行了编辑,现在将编辑过的文档保存到其他位置,具体操作步骤如下:

01 单击文件选项卡,然后单击另存为选项,打开另存为对话框。

02 在对话框中选择文档的保存位置为案例与素材\模块 01\源文件文件夹。在文件名文本框中输入文档名授权委托书。

03 单击保存按钮。

知识拓展

　　通过前面的任务主要学习了文件的创建与打开方法,文本的输入与修改方法,利用不同的方式设置字体格式,设置字符间距,以及文档的保存与另存方法。这些操作都是 Word 2010 的基本操作,另外还有一些基本操作在前面的任务中没有运用到,下面简单介绍一下。

动手做 1　用多种方法选择文本

　　用户还可以将鼠标光标定位在文档选择条中进行文本的选择,文本选择条位于文档的左端,紧靠垂直标尺的空白区域,当鼠标光标移入此区域后,鼠标指针将变为向右箭头形状。在要选中的行上单击鼠标即可将该行选中,利用鼠标将选择条向上或向下拖动则可以选中多行。

　　使用鼠标选定文本有下面一些常用操作:

- 选定一个单词:双击该单词。
- 选定一句:按住 Ctrl 键,再单击句中的任意位置,可选中两个句号中间的一个完整的句子。
- 选定一行文本:在选定条上单击鼠标,箭头所指的行被选中。
- 选定连续多行文本:在选定条上按住鼠标左键向上或向下拖动鼠标。

- 选定一段：在选择条上双击鼠标，箭头所指的段落被选中，也可在段中的任意位置连续3 次单击鼠标。
- 选定多段：将鼠标移到选择条中，双击鼠标并在选择条中向上或向下拖动鼠标。
- 选定整篇文档：按住 Ctrl 键并单击文档中任意位置的选择条，或使用组合键 Ctrl+A。
- 选定矩形文本区域：按住 Alt 键的同时，在要选择的文本上拖动鼠标，可以选定一个矩形块文本区域。

⋙ 动手做 2　复制文本

复制文本是 Word 2010 常用的操作，复制文本和移动文本有所不同。复制操作是把文档中选取的内容复制到剪贴板中，选取的内容在文档中仍然存在；剪切操作是把文档中选取的内容移动到剪贴板中，选取的内容在文档中会消失。粘贴操作就是把剪贴板中的内容复制到文档中，粘贴后，剪贴板中的内容仍然存在。

复制文本有以下几种方法：

01　选中文本，然后在开始选项卡的剪贴板组中单击复制按钮，将插入点定位在目标位置，单击开始选项卡剪贴板组中的粘贴按钮。

02　选中文本，然后按组合键 Ctrl+C，将插入点定位在目标位置，按组合键 Ctrl+V。

03　选中文本，将鼠标指针指向选定文本，当鼠标指针呈现箭头状时按住鼠标左键，拖动鼠标时指针将变成 🖫 状，同时还会出现一条虚线插入点。在拖动鼠标的同时按住 Ctrl 键，则选定的文本就从原来的位置被复制到了新的位置。

⋙ 动手做 3　利用功能键快速移动文本

Word 2010 还提供了利用功能键 F2 快速移动文本的方法，具体操作步骤如下：

01　选定要移动的文本。

02　按 F2 功能键，此时在状态栏上显示出移至何处的提示，如图 1-42 所示。

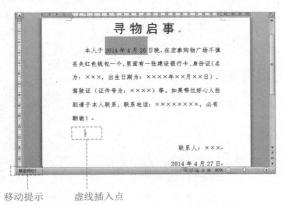

移动提示　　虚线插入点

图 1-42　利用功能键移动文本

03　将插入点定位在目标位置，此时插入点呈虚线状，按 Enter 键即可将选定内容移至目标位置。

⋙ 动手做 4　Office 剪贴板

前面介绍的使用剪贴板复制和移动文本的操作使用的是系统剪贴板，使用系统剪贴板一次只能移动或复制一个项目，当再次执行移动或复制操作时，新的项目将会覆盖剪贴板中原有的项目。Office 剪贴板独立于系统剪贴板，它由 Office 创建，使用户可以在 Office 的应用程序如 Word、Excel 中共享一个剪贴板。Office 剪贴板的最大优点是一次可以复制多个项目并且用户可以将剪贴板中的项目进行多次粘贴。单击开始选项卡剪贴板组中右下角的对话框启动器按钮，打开剪贴板窗格，如图 1-43 所示。

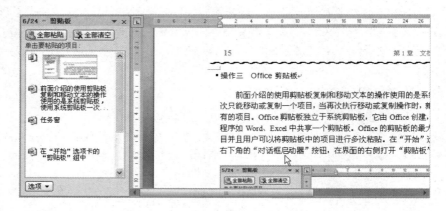

图 1-43　剪贴板窗格

在使用 Office 剪贴板时应首先打开剪贴板窗格，然后在剪贴板功能组中选择剪切或复制选项就可以向 Office 剪贴板中复制项目，剪贴板中可存放包括文本、表格、图形等 24 个项目对象，如果超出了这个数目则最早的对象将自动从剪贴板上删除。

在 Office 剪贴板中单击一个项目，即可将该项目粘贴到当前文档中光标所在的位置，单击 Office 剪贴板中各项目后的下三角箭头，在打开的列表中选择粘贴选项，也可以将所选项目粘贴到文档中光标所在的位置。如果在 Office 剪贴板窗格中单击全部粘贴按钮，可将存储在 Office 剪贴板中的所有项目全部粘贴到文档中去。如果要删除剪贴板中的一个项目，可以单击要删除项目后的下三角箭头，在打开的下拉列表中选择删除选项，如果要删除 Office 剪贴板中的所有项目，在任务窗格中单击全部清空按钮。

有了 Office 剪贴板，用户可以在编辑具有多种内容对象的文档时更加方便。例如，用户可以事先将所需要的各种对象，如文本、表格和图形等预先制作好，并将它们都复制到 Office 剪贴板中，然后在 Word 2010 中再根据编制内容的需要，随时将它们逐一复制到文档的相应位置，从而避免了反复调用各种工具软件所带来的烦琐操作。

动手做 5　利用键盘定位插入点

用户也可以利用键盘上的按键在非空白文档中移动插入点的位置。利用键盘按键移动插入点主要有以下方法：

- 按方向键↑，插入点从当前位置向上移一行。
- 按方向键↓，插入点从当前位置向下移一行。
- 按方向键←，插入点从当前位置向左移动一个字符。
- 按方向键→，插入点从当前位置向右移动一个字符。
- 按 Page Up 键，插入点从当前位置向上翻一页。
- 按 Page Down 键，插入点从当前位置向下翻一页。
- 按 Home 键，插入点从当前位置移动到行首。
- 按 End 键，插入点从当前位置移动到行末。
- 按 Ctrl+Home 组合键，插入点从当前位置移动到文档首。
- 按 Ctrl+End 组合键，插入点从当前位置移动到文档末。
- 按 Shift+F5 组合键，插入点从当前位置返回至文档的上次编辑点。

动手做 6　输入文本时的状态

在文档的输入过程中，有插入和改写两种状态。处于插入状态时，输入的内容会插入在插入点位置，不会替换插入点后面的内容；处于改写状态时，输入的内容会替换插入点后面的内容。在状态栏上会显示当前所处的状态，如图 1-44 所示。用户可以通过键盘上的 Insert 键或用鼠标单击状态栏上的插入按钮，在两种状态下切换。

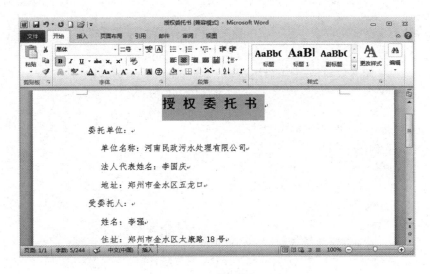

图 1-44　输入文本时的状态

动手做 7　利用鼠标右键

用户还可以使用鼠标右键来进行近距离移动或复制文本，具体操作步骤如下：

01 选定要移动或复制的文本。

02 在选中的文本上按住鼠标右键不放，然后将选中的文本拖动到新的位置。

03 松开鼠标将会打开如图 1-45 所示的快捷菜单，在菜单中用户可以选择是移动到当前位置还是复制到当前位置。

提示

无论是在执行复制还是移动文本的操作后总会出现一个标记 (Ctrl)▼ ，这就是粘贴选项按钮。把鼠标指针指向它并单击，出现一个如图 1-46 所示的下拉菜单，用户可以在菜单中选择保留复制或移动后的格式。

图 1-45　右键快捷菜单

图 1-46　粘贴选项

课后练习与指导

一、选择题

1. 将插入点定位在任意文档中的任意文本处，按下组合键（　　　）即可快速返回至文档的上次编辑点。

　　A．Ctrl+F5　　　　　　　　　　　　　B．Shift+F5

　　C．Alt+F5　　　　　　　　　　　　　　D．Tab+F5

2. 按（　　　）组合键可以选中整个文档。

　　A．Ctrl+A　　　　　　　　　　　　　　B．Ctrl+V

　　C．Ctrl+B　　　　　　　　　　　　　　D．Ctrl+N

3. 按（　　　）组合键可以将所选内容暂存到剪贴板上。

　　A．Ctrl+ Shift　　　　　　　　　　　　B．Ctrl+S

　　C．Ctrl+X　　　　　　　　　　　　　　D．Ctrl+C

4. （　　　）可以将剪贴板上的内容粘贴到插入点的位置。

　　A．按组合键"Ctrl+S"　　　　　　　　B．单击"剪贴板"组中的"粘贴"按钮

　　C．按组合键"Ctrl+V"　　　　　　　　D．按组合键"Ctrl+C"

5. 按（　　　）组合键可以执行复制文本的操作。

　　A．Ctrl+B　　　　　　　　　　　　　　B．Ctrl+S

　　C．Ctrl+X　　　　　　　　　　　　　　D．Ctrl+C

6. 按（　　　）组合键，插入点从当前位置移动到行首。

　　A．Shift+?　　　　　　　　　　　　　　B．Home

　　C．Ctrl+Home　　　　　　　　　　　　D．Shift+Home

7. 按（　　　）组合键可以删除插入点之前的字（词）。

　　A．Ctrl+Backspace　　　　　　　　　　B．Ctrl+Delete

　　C．Delete　　　　　　　　　　　　　　D．Backspace

8. 选中文本时按（　　　）组合键可以增大文本字号。

　　A．Shift+]　　　　　　　　　　　　　　B．Ctrl+]

　　C．Ctrl+Shift+>　　　　　　　　　　　D．Ctrl+>

二、填空题

1. 在用鼠标选定文本时如果在按住_____键的同时，在要选择的文本上拖动鼠标，可以选定一个矩形块文本区域。

2. 在输入文本的过程中，按_____键可以删除插入点之前的字符，按_____键可以删除插入点之后的字符。

3. 在输入文本时，当到达页边距之前要结束一个段落时用户可以按_____键，如果用户不想另起一个段落而是想切换到下一行可以按_____键。

4. Office 2010 剪贴板中可存放包括文本、表格、图形等_____个对象，如果超出了这个数目_____将自动从剪贴板上被删除。

5. 在部分文本下方显示_____时表明文本有拼写错误；_____时表明文本有语法错误。

6. 在功能选项区单击_____选项卡，然后在_____组中单击"符号"选项，在列表中用户可以插入特殊符号。

7．在功能选项区单击_____选项卡，然后在_____组中单击_____选项，打开"日期和时间"对话框。

8．按_____键，插入点从当前位置向上翻一页，按_____键，插入点从当前位置向下翻一页。

三、简答题

1．退出 Word 2010 有哪几种方法？

2．保存文档时，单击快速访问工具栏上的"保存"按钮是否会打开"另存为"对话框？

3．删除文档中的错误文本有哪几种方法？

4．如果想在文档中插入"❶❷❸"这样的符号应如何操作？

5．如何将文档标题的字符间距加宽？

6．设置字符格式有哪几种方法？

7．选定文本有哪些方法？

8．输入文本时有哪几种状态？

四、实践题

练习 1：制作如图 1-47 所示的借条文档。

1．按图所示输入文本和人民币符号。

2．利用"字体"组中下画线按钮结合空格键输入横线。

3．设置标题文本字体格式为"楷体""二号"，正文文本为"楷体""四号"。

4．设置标题字符间距为"20 磅"。

5．将其保存在案例与素材\模块 01\源文件文件夹中并命名为借条。

效果位置：案例与素材\模块 01\源文件\借条。

练习 2：利用 Word 2010 提供的模板功能制作一个请假条。

在联网的计算机上下载一个请假条模板，然后输入自己需要的文本，基本效果如图 1-48 所示。

借　条

借款人姓名:_____, 性别:____, 民族____,
出生日期:____年__月__日,身份证号码:_____。
家庭住址:_____
今急需资金周转，特向_____借到现金人民币___万___仟元
整（小写:￥___元整)。借款期限自____年__月__日至____年
__月__日（___个月）。
此据
借款人(签字):_____ 借款人身份证号码:_____
担保人(签字):_____ 担保人身份证号码:_____
借款日期:____年__月__日。

图 1-47　借条文档的最终效果

请·假·条

尊敬的王经理:
□□我因患急性肠炎，今天去医院治疗不能来公司上班，需请病假 1 天，请批准。

申请人:王建民
日期:2014 年 12 月 8 日

图 1-48　请假条文档的最终效果

效果位置：案例与素材\模块 01\源文件\请假条。

你知道吗？

给文档设置格式，可以使文档具有更加美观的版式效果，方便阅读和理解文档的内容。文本与段落是构成文档的基本框架，对文本和段落的格式进行适当的设置可以编排出段落层次清晰、可读性强的文档。

应用场景

人们平常所见到的各类合同、协议等公文，如图 2-1 所示，这些都可以利用 Word 2010 来制作。

企业中员工流动是正常的现象，一些员工离去后将会留下岗位空缺，此时公司就需要发布招聘信息来招聘新的员工。广告招聘是招聘的一种重要方式，是行之有效的招聘渠道之一。它是指通过报刊、网络、电视、广播等大众媒体向求职者发布人才需求信息，以吸引符合企业用人要求的人员的一种外部招聘方法。

如图 2-2 所示，就是利用 Word 2010 制作的一份招聘广告，请读者根据本模块所介绍的知识和技能，完成这一工作任务。

协　议

甲方：××县环境保护局

乙方：→ → → → → 身份证号：

××县环境保护局响应县政府号召对产业集聚区内×××村对面路东路边 200 米范围进行绿化。甲方为较好完成绿化任务，同意把树苗种植养护承包给乙方。经甲乙双方共同协商，将有关事项达成如下协议：

一、树苗由甲方按城建部门标准一次性提供。

二、乙方负责土地平整，沟槽开挖，负责按照城建部门绿化图纸要求进行施工，并通过验收。

三、所需资金由乙方先行垫付。

四、乙方负责树木种植及种植后的养护工作，树木如有丢失或因管理原因死亡由乙方负责补栽。

五、绿化种植所占土地与村民纠纷问题由乙方负责协调。

六、付款标准：按每米贰百壹拾元计算，合计费用肆万贰仟元整。

七、付款方式：×××年×月××日所种树木确认活后由甲方一次性付给乙方，最迟到×××年×月×日清算。

八、本协议一式两份，双方签章（签字）后生效。

甲方：（盖章）

甲方代表签字：　　　　　　乙方签字：

　　年　　月　　日　　　　　　年　　月　　日

图 2-1　协议

招　聘

华达会计师事务所是一所从事审计、会计、税务咨询、管理咨询、人力资源等专业服务的事务所，有着丰富的运行、管理经验及广泛的渠道。因业务发展需要，诚聘有志从事相关会计事务的人士加盟。

一、 招聘职位：审计助理 3 人

二、 招聘要求

（1） 本科以上学历，审计、会计、财管等相关专业；

（2） 具有强烈的学习意识，有较强的专业发展潜质；

（3） 工作认真踏实，有较强责任心，沟通能力、团队协作能力力强。

三、 薪酬待遇

根据学历、工作经历确定起薪，取得 CPA 证书另加 500 元/月，英语或日语通过本所独立考试者另加 500 元/月。

四、 报名方式

请将个人简历、学位证明（扫描件）、获奖证书（扫描件）、专业证书（扫描件）及其他材料，E-mail 至 zhao×××@sohu.com。

五、 报名日期：报名日期截止到 2014 年 6 月 15 日

注意事项

➢ 资格筛选通过者将参加公司组织的面试和笔试，笔试主要内容包括：综合测试、专业测试、计算机测试、外语测试。

➢ 面试、笔试的时间和地点将在 7 月 1 日前通过电话或短信方式通知，请报名者务必保持手机畅通。

图 2-2　招聘广告

相关文件模板

利用 Word 2010 软件的基本功能，还可以完成求职信、招生简章、加薪申请、辞职申请、转正申请、通报、竞聘辞等工作任务。

为了方便读者，本书在配套的资料包中提供了部分常用的文件模板，具体文件路径如图 2-3 所示。

图 2-3　应用文件模板

背景知识

广告招聘是应用很广泛的一种方法，它可以比较容易地招聘到所需的人才。其传播媒体可以是大学校园里的布告栏、专业技术杂志、报纸和电视等。广告的作用一方面是可将有关工作的性质、要求，雇员应该具备的资格等信息提供给潜在的申请人；另一方面是向申请人"兜售"公司或企业的优势。广告的内容应该真实，虚假的广告可能会导致被雇用者日后的跳槽。

随着现代社会中人才竞争的愈演愈烈，为了吸引更多的高素质的应聘人员，招聘广告的设计是很重要的。一份优秀的广告要充分体现出企业对人才的吸引力和企业的魅力。

招聘广告应具有以下一些基本内容：

1．企业介绍：应说明企业的性质、业务经营范围、发展前景等相关情况。
2．详细的职位说明：应包含岗位职责、工作环境、入职条件等。
3．福利待遇：应包括工资水平、福利项目等。
4．申请方式：亲自申请、电话申请及投递简历。
5．联系方式：注明企业的联系电话或邮编、地址。

为避免不必要的争议，广告招聘的内容不能有对种族、性别、年龄的偏见，或把这些因素作为一种入职资格的倾向。

设计思路

在招聘广告的制作过程中，首先打开原有的文档，然后对文档进行格式化的操作，使版面整齐美观，最后还应将文档打印出来。制作招聘广告的关键骤可分解为：

01 打开文档。
02 设置段落格式。
03 设置编号和项目符号。
04 设置字符效果。
05 设置边框和底纹效果。
06 打印文档。

项目任务 2-1 ▶ 打开文档

最常规的打开文档方法就是双击在资源管理器中找到并打开的文档所在的位置。不过这对于正在文档中编辑的用户来说比较麻烦，用户可以直接在 Word 2010 中打开已有的文档。在 Word 2010 中对一个已经存在的文档可以利用打开对话框将其打开，Word 2010 可以打开不同位置的文档，如本地硬盘、移动硬盘或与本机相连的网络驱动器上的文档。

例如，要编辑的招聘广告存放在 "案例与素材\模块 02\素材" 文件夹中，文件名称为 "招聘广告（初始）"，现在打开文件并对其进行编辑，具体操作步骤如下：

01 单击文件选项卡，然后单击打开选项，或者在快速访问工具栏上单击打开按钮 📄 都可以打开打开对话框，如图 2-4 所示。

02 在打开对话框中选择文件所在的文件夹案例与素材\模块 02\素材，在文件名列表中选择所需的文件 "招聘广告（初始）"。

03 单击打开按钮，或者在文件列表中双击要打开的文件名，即可将 "招聘广告（初始）" 文档打开，如图 2-5 所示。

招　聘

华达会计师事务所是一所从事审计、会计、税务咨询、管理咨询、人力资源等专业服务的事务所，有着丰富的运行、管理经验及广泛的渠道。因业务发展需要，诚聘有志从事相关会计事务的人士加盟。

招聘职位：审计助理　3 人

招聘要求

本科以上学历，审计、会计、财管等相关专业；

具有强烈的学习意识，有较强的专业发展潜质；

工作认真踏实，有较强责任心，沟通能力、团队协作能力强。

薪酬待遇

根据学历、工作经历确定起薪，取得 CPA 证书另加 500 元/月，英语或日语通过本所独立考试者另加 500 元/月。

报名方式

请将个人简历、学位证明（扫描件）、获奖证书（扫描件）、专业证书（扫描件）及其他材料，E-mail 至 zhao×××@sohu.com。

报名日期：报名日期截止到 2014 年 6 月 15 日

注意事项
资格筛选通过者将参加公司组织的面试和笔试，笔试主要内容包括：综合测试、专业测试、计算机测试、外语测试。
面试、笔试的时间和地点将在 7 月 1 日前通过电话或短信方式通知，请报名者务必保持手机畅通。

图 2-4　打开对话框　　　　　　　图 2-5　招聘广告（初始）文件

项目任务 2-2　设置段落格式

段落就是以 Enter 键结束的一段文字，它是独立的信息单位。段落标记符包含了该段落的所有字符格式和段落格式。字符格式表示的是文档中局部文本的格式化效果，而段落格式的设置则将帮助用户布局文档的整体外观。如果光有细节上的设置而没有段落上的起伏变化，文章会因缺乏感染力而不能吸引读者，要想弥补以上的不足就要对段落格式进行缩进、对齐等格式的设置。

❖ 动手做 1　设置段落对齐方式

段落的对齐方式直接影响文档的版面效果，段落的对齐方式分为水平对齐和垂直对齐，水平对齐方式控制了段落在页面水平方向上的排列方式，垂直对齐方式则可以控制文档中未满页的排布情况。

段落的水平对齐方式控制了段落中文本行的排列方式，在开始功能区段落组中提供了左对齐、居中、右对齐、两端对齐和分散对齐 5 个设置对齐方式的按钮：

- 居中：文本位于文档上左右边界的中间，一般文章的标题都采用该对齐方式。
- 右对齐：文本在文档右边界被对齐，而左边界是不规则的，一般文章的落款多采用该对齐方式。
- 左对齐是指段落中每行文本一律以文档的左边界为基准向左对齐。
- 两端对齐：段落中除了最后一行文本外，其余行的文本的左右两端分别以文档的左右边界为基准向两端对齐。这种对齐方式是文档中最常用的，也是系统默认的对齐方式，平时用户看到的书籍的正文都采用该对齐方式。
- 分散对齐：段落所有行的文本的左右两端分别沿文档的左右两边界对齐。

提示

对于中文文本来说，左对齐方式和两端对齐方式没有什么区别。但是如果文档中有英文单词，左对齐将会使文档右边缘参差不齐，此时如果使用两端对齐的方式，右边缘就可以对齐了。

通常情况下文档的标题应居中显示。例如，设置"招聘广告"文档的标题居中显示，具体操作步骤如下：

01 将鼠标光标定位在标题"招聘"段落中。

02 单击开始功能区段落组中的居中按钮，则标题的段落即可居中显示，如图 2-6 所示。

03 选中"注意事项"段落，单击开始功能区段落组中的居中按钮，则该段落居中显示。

提示

单击开始功能区段落组右下角的对话框启动器按钮，打开段落对话框，单击缩进和间距选项卡。在常规区域的对齐方式下拉列表中用户也可以设置水平对齐方式，如图 2-7 所示。

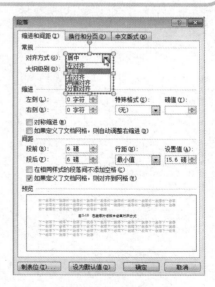

图 2-6　标题居中对齐的效果　　　　　　图 2-7　在段落对话框中设置对齐方式

教你一招 ● ● ● ●

　　用户也可以通过快捷键来设置段落对齐，如 Ctrl+L、Ctrl+E、Ctrl+R、Ctrl+J 和 Ctrl+Shift+J 组合键可以分别设置左对齐、居中、右对齐、两端对齐和分散对齐。

▶ 动手做 2　设置段落缩进

　　段落缩进可以调整段落与边距之间的距离，设置段落缩进还可以将一个段落与其他段落分开，或显示出条理更加清晰的段落层次，方便阅读。利用标尺或在段落对话框中都可以设置段落缩进。

　　缩进可分为首行缩进、左缩进、右缩进和悬挂缩进 4 种方式：

- 首行缩进：段落的首行向右缩进，使之与其他的段落区分开。
- 左（右）缩进：整个段落中的所有行的左（右）边界向右（左）缩进，左缩进和右缩进通常用于嵌套段落。
- 悬挂缩进：段落中除首行以外的所有行的左边界向右缩进。

　　用户可以利用段落对话框精确地设置段落的缩进量。

　　例如，设置招聘广告正文段落首行缩进 2 个字符，具体操作步骤如下：

01 选中招聘广告除标题段落和"注意事项"段落以外的所有段落。

02 单击开始功能区段落组右下角的对话框启动器按钮，打开段落对话框，单击缩进和间距选项卡，如图 2-8 所示。

03 在缩进区域的特殊格式下拉列表中选择首行缩进，并在磅值文本框中选择或输入 2 字符。

04 设置完毕单击确定按钮，设置文档段落缩进后的效果如图 2-9 所示。

图 2-8　段落对话框　　　　　　　　　　　图 2-9　设置文档正文段落缩进的效果

教你一招 ● ● ●

用户可以利用工具栏快速设置段落缩进,将鼠标光标定位在要设置段落缩进的段落中或者选中段落的所有文本,单击开始选项卡段落选项组中的减少缩进量按钮 或增加缩进量按钮 一次,选中段落的所有行将减少或增加一个汉字的缩进量。

∴ 动手做 3 设置段落间距和行间距

段落间距是指两个段落之间的间隔,行间距是一个段落中行与行之间的距离,行间距和段间距的大小影响整个版面的排版效果。

设置段落间距最简单的方法是在一段的末尾按 Enter 键来增加空行,但是这种方法的缺点是不够准确。为了精确设置段落间距并将它作为一种段落格式保存起来,可以在段落对话框中进行设置。

设置"招聘广告"段落间距和行间距的具体操作步骤如下:

01 将鼠标光标定位在标题段落中。

02 单击开始功能区段落组右下角的对话框启动器按钮,打开段落对话框,单击缩进和间距选项卡。

03 在间距区域单击段后文本框右端的按钮,设置段后间距为 1 行,如图 2-10 所示。

04 单击确定按钮,设置段落间距后的效果如图 2-11 所示。

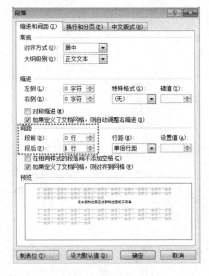

图 2-10 段落对话框   图 2-11 设置段落间距后的效果

05 将鼠标光标定位在"注意事项"段落中。

06 单击开始功能区段落组右下角的对话框启动器按钮,打开段落对话框,单击缩进和间距选项卡。

07 在间距区域单击段前文本框右端的按钮,设置段前间距为 1 行,单击段后文本框右端的按钮,设置段后间距为 1 行,单击确定按钮。

08 选中"注意事项"段落下面的两段文本,单击开始功能区段落组右下角的对话框启动器按钮,打开段落对话框,单击缩进和间距选项卡。

09 在行距下拉列表中选择 1.5 倍行距,如图 2-12 所示。

Word 2010 案例教程

10 设置完毕，单击确定按钮，设置行距的效果如图 2-13 所示。

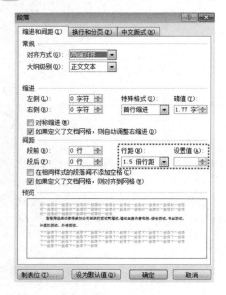

图 2-12 设置行距

报名方式↵

请将个人简历、学位证明（扫描件）、获奖证书（扫描件）、专业
证书（扫描件）及其他材料，E-mail 至 zhao×××@sohu.com。↵

报名日期：报名日期截止到 2014 年 6 月 15 日↵

注意事项↵

资格筛选通过者将参加公司组织的面试和笔试，笔试主要内容包括：综合测试、
专业测试、计算机测试、外语测试。↵

面试、笔试的时间和地点将在 7 月 1 日前通过电话或短信方式通知，请报名者
务必保持手机畅通。↵

图 2-13 设置行距的效果

教你一招

　　用户也可以利用快捷键来快速调整行间距，选中文字，按 Ctrl+1，Ctrl+2，Ctrl+5 组合键分别为单倍行距、2 倍行距和 1.5 倍行距。

提示

　　用户也可以在页面布局选项卡的段落组中对缩进和段落间距进行直接设置。

项目任务 2-3 设置编号和项目符号

　　在制作文档的过程中，为了增强文档的可读性，使段落条理更加清楚，可在文档各段落前添加一些有序的编号或项目符号。Word 2010 提供了添加段落编号、项目符号和多级编号的功能。

动手做 1 设置编号

　　为招聘广告设置编号的具体操作步骤如下：

01 选中"招聘职位"和"招聘要求"段落，在按住 Ctrl 键的同时选中"薪酬待遇"、"报名方式"和"报名日期"段落。

02 在开始选项卡下，单击段落组中编号按钮右侧的下三角箭头，打开编号列表，如图 2-14 所示。

03 在编号列表的编号库区域单击如图 2-14 所示的编号，则应用编号的效果如图 2-15 所示。

图 2-14　编号列表

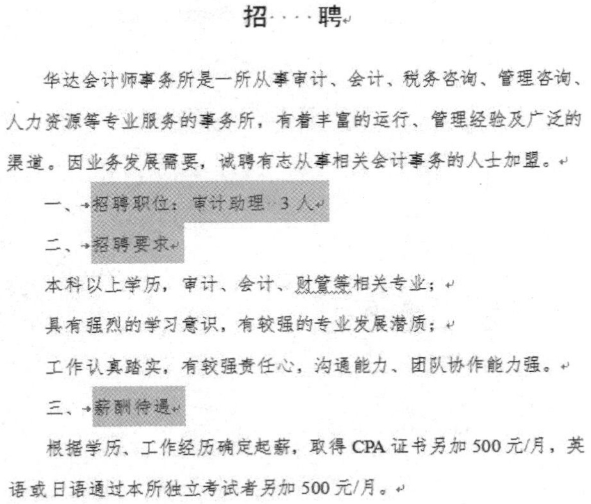

招·····聘

华达会计师事务所是一所从事审计、会计、税务咨询、管理咨询、人力资源等专业服务的事务所，有着丰富的运行、管理经验及广泛的渠道。因业务发展需要，诚聘有志从事相关会计事务的人士加盟。

一、招聘职位：审计助理·3 人

二、招聘要求

本科以上学历，审计、会计、财算等相关专业；

具有强烈的学习意识，有较强的专业发展潜质；

工作认真踏实，有较强责任心，沟通能力、团队协作能力强。

三、薪酬待遇

根据学历、工作经历确定起薪，取得 CPA 证书另加 500 元/月，英语或日语通过本所独立考试者另加 500 元/月。

图 2-15　应用编号的效果

04 选中"招聘要求"下面的 3 个段落。

05 在开始选项卡下，单击段落组中编号按钮右侧的下三角箭头，打开编号列表。单击编号下拉列表中的定义新编号格式选项，打开定义新编号格式对话框，在编号样式列表中选择 1，2，3，…，在编号格式列表中设置编号格式为用小括号括住，如图 2-16 所示。

06 单击确定按钮，选中文本应用编号的效果如图 2-17 所示。

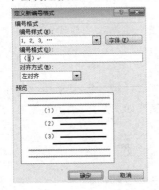

图 2-16　定义新编号格式对话框

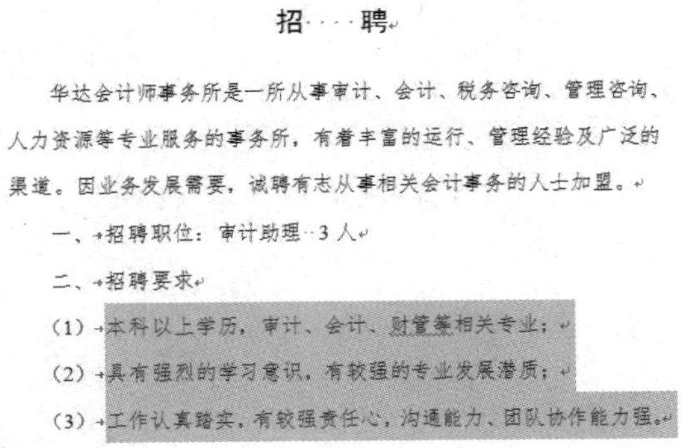

招·····聘

华达会计师事务所是一所从事审计、会计、税务咨询、管理咨询、人力资源等专业服务的事务所，有着丰富的运行、管理经验及广泛的渠道。因业务发展需要，诚聘有志从事相关会计事务的人士加盟。

一、招聘职位：审计助理·3 人

二、招聘要求

(1) 本科以上学历，审计、会计、财算等相关专业；

(2) 具有强烈的学习意识，有较强的专业发展潜质；

(3) 工作认真踏实，有较强责任心，沟通能力、团队协作能力强。

图 2-17　设置编号后的效果

教你一招

如果在编号库中选择无选项，则取消设置的编号。

∵ 动手做 2　设置项目符号

为招聘广告设置项目符号的具体操作步骤如下：

01 选中"注意事项"下面的两个段落。

02 在开始选项卡下，单击段落组中的项目符号选项右侧的下三角箭头，打开一个下拉列表，如图 2-18 所示。

03 在列表的项目符号库区域单击如图 2-18 所示的项目符号，则选中的段落被应用了项目符号，如图 2-19 所示。

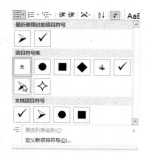

图 2-18　项目符号列表

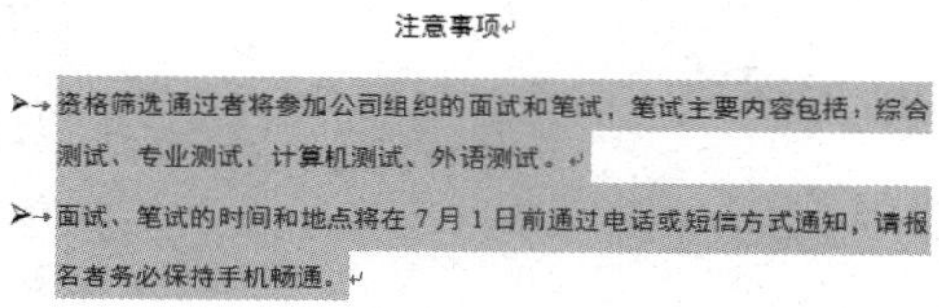

注意事项

➢ 资格筛选通过者将参加公司组织的面试和笔试，笔试主要内容包括：综合测试、专业测试、计算机测试、外语测试。

➢ 面试、笔试的时间和地点将在 7 月 1 日前通过电话或短信方式通知，请报名者务必保持手机畅通。

图 2-19　应用项目符号的效果

 教你一招

如果在项目符号库中选择无选项，则取消设置的项目符号。

项目任务 2-4 设置字符效果

为了使文档中某些字符突出显示，用户可以为这些字符设置一些特殊的效果，为招聘广告中的字符设置效果的具体操作步骤如下：

01 选中招聘广告的标题。

02 在开始选项卡的字体组中单击文本效果按钮，打开一个下拉列表，如图 2-20 所示。

03 在下拉列表中单击第四行第二列的文本效果，则选中的文字变成如图 2-21 所示的效果。

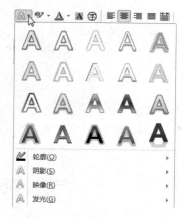

图 2-20　文本效果下拉列表

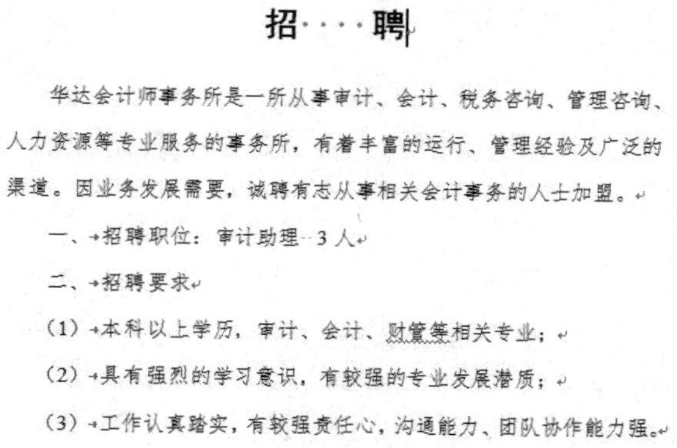

招·····聘

华达会计师事务所是一所从事审计、会计、税务咨询、管理咨询、人力资源等专业服务的事务所，有着丰富的运行、管理经验及广泛的渠道。因业务发展需要，诚聘有志从事相关会计事务的人士加盟。

一、招聘职位：审计助理 3 人

二、招聘要求

（1）本科以上学历，审计、会计、财簿籍相关专业；

（2）具有强烈的学习意识，有较强的专业发展潜质；

（3）工作认真踏实，有较强责任心，沟通能力、团队协作能力强。

图 2-21　应用了字符效果的文本

04 选中"招聘职位"段落中的"审计助理"文本，在字体组中单击字符底纹按钮，则选中的文本被应用了底纹，如图 2-22 所示。

05 选中电子邮箱文本"zhao×××@sohu.com"，在字体组中单击下画线按钮右侧的下三角箭头，打开下画线列表，如图 2-23 所示。

06 在下画线列表中单击双下画线选项，则选中的文本被应用了双下画线，如图 2-24 所示。

07 选中文本"注意事项"，在字体组中单击下画线按钮右侧的下三角箭头，打开下画线列表，在下画线列表中单击其他下画线选项，打开字体对话框，如图 2-25 所示。

08 在下画线线型列表中选择双波浪线选项，单击确定按钮，选中的文本应用双波浪线的效果如图 2-26 所示。

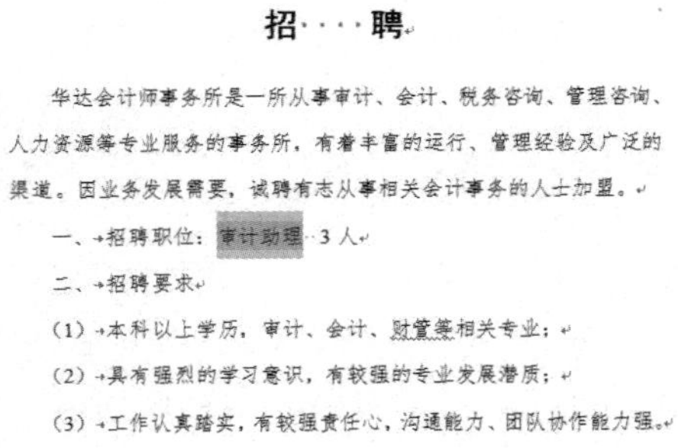

招····聘。

华达会计师事务所是一所从事审计、会计、税务咨询、管理咨询、人力资源等专业服务的事务所，有着丰富的运行、管理经验及广泛的渠道。因业务发展需要，诚聘有志从事相关会计事务的人士加盟。

一、招聘职位：审计助理 · 3 人。

二、招聘要求：

（1）本科以上学历，审计、会计、财管等相关专业。

（2）具有强烈的学习意识，有较强的专业发展潜质。

（3）工作认真踏实，有较强责任心，沟通能力、团队协作能力强。

图 2-22 为文本添加底纹的效果

图 2-23 下画线列表

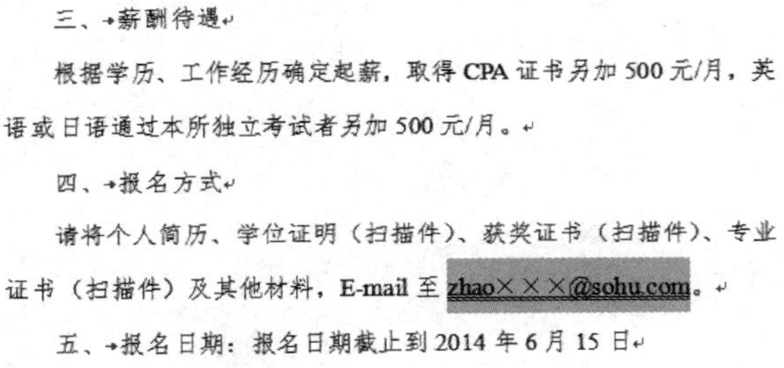

三、薪酬待遇。

根据学历、工作经历确定起薪，取得 **CPA** 证书另加 500 元/月，英语或日语通过本所独立考试者另加 500 元/月。

四、报名方式。

请将个人简历、学位证明（扫描件）、获奖证书（扫描件）、专业证书（扫描件）及其他材料，E-mail 至 zhao×××@sohu.com。

五、报名日期：报名日期截止到 2014 年 6 月 15 日。

图 2-24 文本应用双下画线的效果

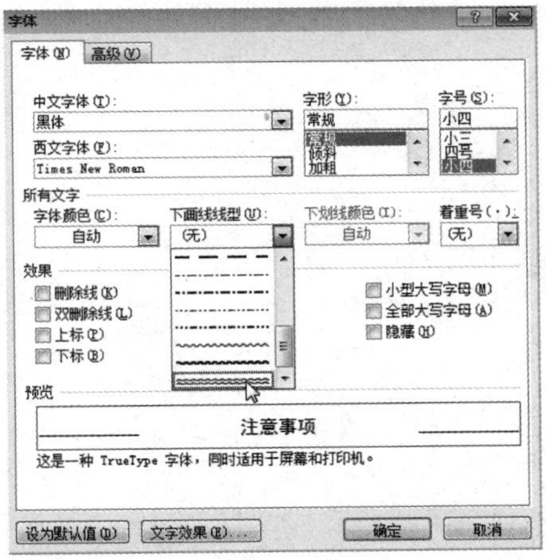

图 2-25 字体对话框

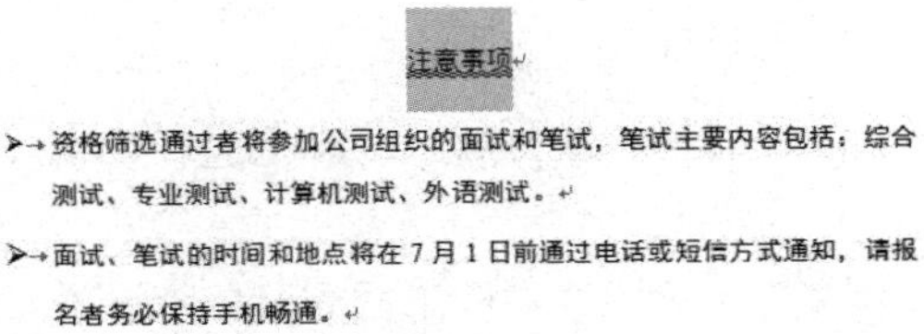

注意事项。

➤资格筛选通过者将参加公司组织的面试和笔试，笔试主要内容包括：综合测试、专业测试、计算机测试、外语测试。

➤面试、笔试的时间和地点将在 7 月 1 日前通过电话或短信方式通知，请报名者务必保持手机畅通。

图 2-26 应用双波浪线的效果

项目任务 2-5 设置边框和底纹效果

在文档中往往有一些比较重点或特殊的文本段落，用户可以为这些特殊的文本段落添加边框和底纹，用来突出这些文本段落。

动手做 1　设置边框

利用字体组中字符边框按钮 $\boxed{A}$，可以方便地为选定的一个或多个字符添加默认边框。另外，用户还可以为选中的段落添加边框。

例如为"注意事项"和下面的两个段落添加边框，具体操作步骤如下：

01 选中"注意事项"和下面的两个段落。

02 单击段落组中下框线右侧的下三角箭头，打开边框列表，如图 2-27 所示。

03 在列表中用户可以选中某种边框应用到所选的段落中，这里选择边框和底纹选项，打开边框和底纹对话框，如图 2-28 所示。

04 在设置区域选中方框选项，在样式列表中选择实线，在宽度列表中选择 1.5 磅，在应用于列表中选择段落。

05 单击确定按钮，应用边框的效果如图 2-29 所示。

图 2-27　边框列表

图 2-28　边框和底纹对话框

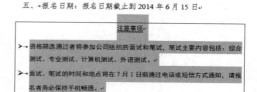

图 2-29　应用边框的效果

提示

在设置边框时选择的应用于的范围不同则添加边框的效果不同，如果选择的应用范围是文本，则为选中的文本添加的边框是以行为单位添加的，即选中文本的每行都被添加了边框。如果选择的应用范围为段落，则以段落为单位对文本添加文本，即为整个段落添加边框。

动手做 2　设置底纹

利用字体组中字符底纹按钮 $\boxed{A}$，可以方便地为选定的一个或多个字符添加默认底纹。如果要为段落或选定的文本添加更多样式的底纹则可在边框和底纹对话框中进行设置。

例如，为注意事项和下面的两个段落添加底纹，具体操作步骤如下：

01 选中"注意事项"和下面的两个段落。

02 单击段落组中下框线右侧的下三角箭头，打开边框列表。在列表中选择边框和底纹选项，打开边框和底纹对话框，选择底纹选项卡，如图 2-30 所示。

03 在样式列表中选择 20% 选项，在应用于列表中选择段落。

04 单击确定按钮，应用边框和底纹的效果如图 2-31 所示。

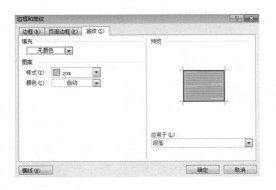

图 2-30　设置底纹

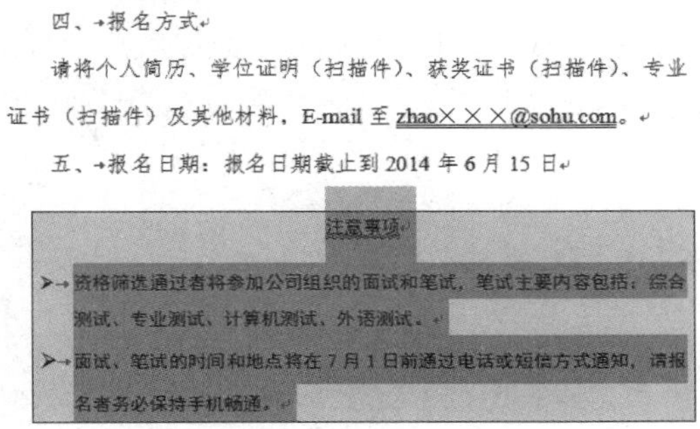

四、→报名方式↵
请将个人简历、学位证明（扫描件）、获奖证书（扫描件）、专业证书（扫描件）及其他材料，E-mail 至 zhao×××@sohu.com。↵
五、→报名日期：报名日期截止到 2014 年 6 月 15 日↵
注意事项↵
➢→资格师选通过者将参加公司组织的面试和笔试，笔试主要内容包括：综合测试、专业测试、计算机测试、外语测试。↵
➢→面试、笔试的时间和地点将在 7 月 1 日前通过电话或短信方式通知，请报名者务必保持手机畅通。↵

图 2-31　应用边框和底纹的效果

项目任务 2-6　打印文档

对招聘广告设置完毕后，就可以将招聘广告打印出来了，Word 2010 提供了多种打印方式，包括打印多份文档、手动双面打印等功能。

动手做 1　快速打印

在打印文档时如果想进行快速打印，直接单击快速访问工具栏上的快速打印按钮，这样就可以按 Word 2010 默认的设置打印文档了。

动手做 2　一般打印

一般情况下，默认的打印设置不一定能满足用户的要求，此时可以对打印的具体方式进行设置。例如要将制作的招聘广告打印 100 份，具体操作步骤如下：

01　在文档中单击文件选项卡，在打开的菜单中选择打印选项，显示打印窗口。在该窗口的左侧是打印设置选项，在右侧则是打印预览效果，如图 2-32 所示。

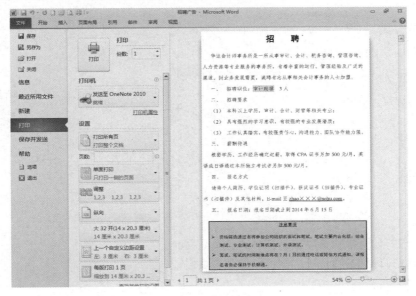

图 2-32　打印文档

Word 2010 案例教程

02 单击打印机右侧的下三角箭头，选择要使用的打印机。

03 在份数文本框中选择或者直接输入 100。

04 在预览区域预览打印效果，确定无误后单击打印按钮正式打印。

提示

如果文档的页数比较多，用户可以选择是按页打印还是按份打印。单击调整右侧的下三角箭头，选中调整选项将完整打印第 1 份后再打印后续几份；选中取消排序选项则完成第一页打印后再打印后续页码。

✥ 动手做 3　选择打印的范围

用 Word 2010 打印文档时，既可以打印全部的文档，也可以打印文档的一部分。用户可以在打印窗格中的打印自定义范围区域设置打印的范围。

在打印窗格中单击打印自定义范围右侧的下三角箭头，打开一个下拉列表，如图 2-33 所示，在列表中选择下面几种打印范围：

● 选择打印所有页选项，就是打印当前文档的全部页面。

● 选择打印所选内容选项，则只打印选中的文档内容，但事先必须选中部分内容才能使用该选项。

● 选择打印当前页面选项，就是打印插入点光标所在的页面。

● 选择打印自定义范围选项，则打印指定的页码。在页数编辑框中，用户可以指定要打印的页码，如图 2-34 所示。

图 2-33　选择打印的范围

图 2-34　输入要打印的页码

● 选择仅打印奇数页选项，则打印奇数页页面。

● 选择仅打印偶数页选项，则打印偶数页页面。

⁘ 动手做 4 手动双面打印文档

图 2-35 手动双面打印

在使用送纸盒或手动进纸的打印机进行双面打印时，利用手动双面打印功能可大大提高打印速度，避免打印过程中的手工翻页操作，如先打印 1、3、5……页，然后把打印了单面的纸放回纸盒再打印 2、4、6……页。

在打印窗格中单击单面打印右侧的下三角箭头，打开一个下拉列表，如图 2-35 所示，选择手动双面打印选项即可。

项目拓展——制作房屋装修协议

某人（公司）需要进行房屋装修，当甲方和乙方将所有的设计和工程预算都谈妥后，签署装修协议就成为装修开工前必须履行的一道手续，装修协议是装修工程中最主要的法律文件。协议其实就是合同，协议和合同在法律效力上是一样的，在签订协议时重要的是要把各自的权利义务写清楚、约定明确。

房屋装修协议中一定要写明的条款：双方当事人的姓名、联系地址、电话、签字（签章）；装修施工内容及承包方式；工期的约定；装修费用及支付办法；有关装修材料供应的约定内容；施工依据和竣工、质量验收标准；还应当明确违约责任、纠纷处理方式。

制作的房屋装修协议效果如图 2-36 所示。

图 2-36 房屋装修协议

在房屋装修协议的制作过程中，用户可以利用格式刷来复制段落格式，然后用制表位来对齐文档中的文本，制作房屋装修协议的关键步骤可分解为：

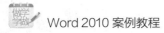

01 打开最近使用过的文档。

02 使用格式刷。

03 应用制表位对齐文本。

04 设置换行与分页。

动手做 1　打开最近使用过的文档

Word 2010 具有自动记忆功能，可以记忆最近几次打开的文件。由于在上一次打开并编辑过房屋装修协议（初始）文档，现在可以利用 Word 2010 的记忆功能将该文档打开，具体操作步骤如下：

01 单击文件选项卡，然后单击最近所用文件命令，则在文件选项卡中的最近使用的文档列表中列出了最近打开的文件，如图 2-37 所示。

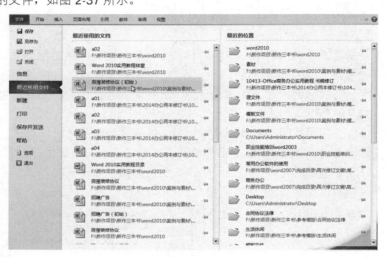

图 2-37　最近打开的文件

02 找到房屋装修协议（初始）文档，单击该文档将其打开，如图 2-38 所示。

房屋装修协议

本合同双方当事人：

发包方（以下简称甲方）：

姓名：赵紫坪　住所：宜宾市黄河路张家胡同 48 号　联系电话：

1387474××××　身份证号：412724197306××××××

承包方（以下简称乙方）：

姓名：王建民　住所：宜宾市长江路 56 号　联系电话：

1398478××××　身份证号：412724198907××××××

根据《中华人民共和国经济合同法》及其他有关法律、法规之规定，甲、乙双方在平等自愿、协商一致的基础上就装修工程的有关事宜，达成如下协议：

1、工程地点：宜宾市凯旋花园小区 2 幢一单元 3 楼 3 号

2、工程承包方式：全包

3、工程期限 60 天 。开工日期 2014 年 5 月 10 日　竣工日期 2014 年 7 月 10 日

4、双方商定，本工程的价款为人民币（大写）肆拾万元整。首付拾万元整，剩余叁拾万元在工程验收后付清。

5、工程竣工后，乙方应通知甲方验收。甲方应自接到验收通知后两天内验收。在工程款结清后，办理移交手续。

6、本工程自验收合格双方签字之日起保修一年。双方应在验收合格后，即填写工程保修单。

7、施工范围及具体施工要求见附件《施工范围、规范及使用材料清单》。

8、工程验收合格后，乙方应向甲方提出工程结算，并将有关资料送交甲方。甲方接到资料后如无异议，即视为同意，双方应填写工程结算单并签字。

9、凡因本合同双方当事人中的一方不履行合同或违反国家法律法规及本市有关政策，受到罚款或给对方造成损失的，均由责任方承担责任，并赔偿给对方造成的损失。

10、因一方原因，造成合同无法继续履行时，该方应及时通知另一方，办理合同终止手续，并由责任方赔偿对方相应的损失。

11、甲、乙双方直接签订合同，本合同一式两份，甲乙双方各持一份。

12、本合同自甲、乙双方签字（盖章）后生效。

附件：《施工范围、规范及使用材料清单》

甲方签字（盖章）：　　乙方签字（盖章）：

2014 年 4 月 15 日　　2014 年 4 月 15 日

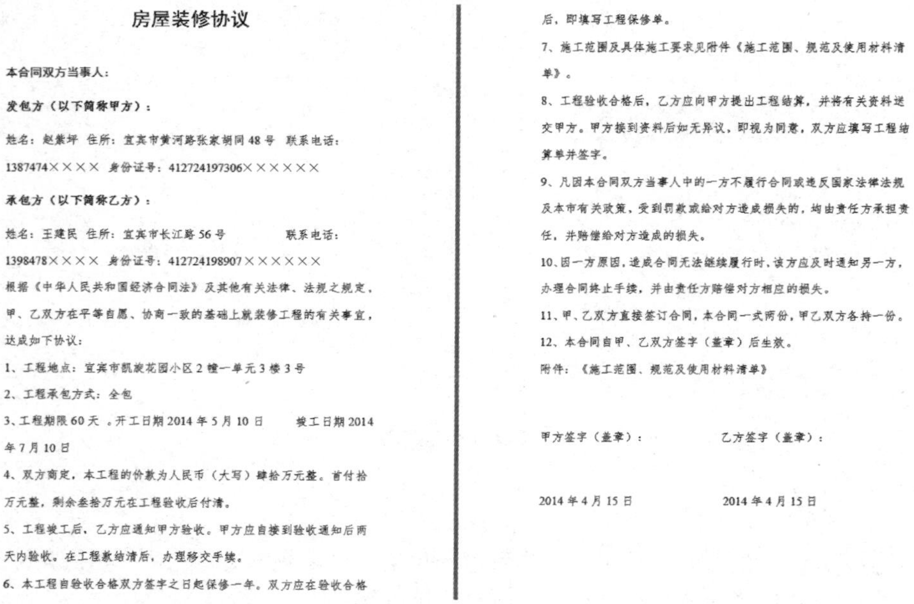

图 2-38　房屋装修协议初始文档

❖ 动手做 2　利用格式刷复制段落格式

Word 2010 提供的格式刷功能是复制文本或段落的格式，可以快速地设置文本或段落的格式。

利用格式刷快速复制段落格式的具体操作步骤如下：

01　将插入点定位在"发包方"下面的段落中。

02　单击开始功能区段落组右下角的对话框启动器按钮，打开段落对话框，单击缩进和间距选项卡。在缩进区域的特殊格式下拉列表中选择首行缩进，并在磅值文本框中选择或输入 0.75 厘米，如图 2-39 所示。

03　单击确定按钮，设置首行缩进的效果如图 2-40 所示。

图 2-39　设置首行缩进

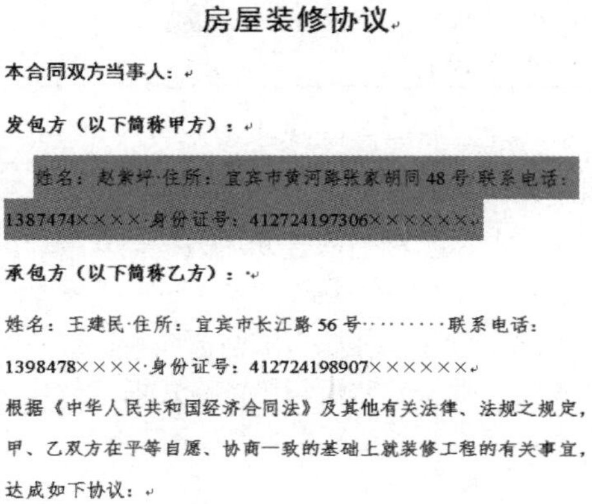

图 2-40　设置首行缩进的效果

04　将插入点定位在"发包方"下面的段落中，或选中"发包方"下面的段落。

05　单击开始选项卡剪贴板组中的格式刷按钮 🖌 ，此时鼠标光标变成 📋 状。

06　在"承包方"下面的段落上单击鼠标，或选中"承包方"下面的段落，则格式被应用到当前段落中，如图 2-41 所示。

07　将鼠标光标定位在"承包方"下面的段落上，然后用鼠标双击格式刷按钮，此时鼠标光标变成 📋 状。

08　用鼠标逐一单击需要复制段落格式的段落，最后再次用鼠标单击格式刷按钮。

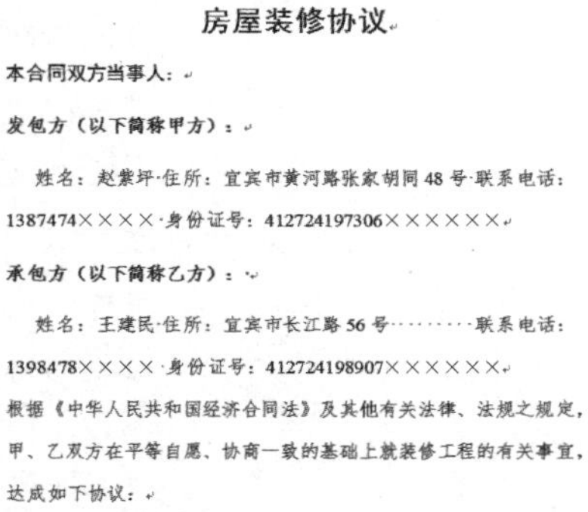

图 2-41　利用格式刷复制段落格式的效果

教你一招

如果用户选定的是文本，不包含段落符号，则单击格式刷时复制的将是文本格式。

❖ 动手做 3　应用制表位对齐文本

制表位属于段落的属性之一，每个段落都可以设置自己的制表位，按 Enter 键开始新段落时，制表位的设置将自动转入下一个段落中。

制表位根据对齐方式的不同分为居中式制表符、左对齐式制表符、右对齐式制表符、小数点对齐式制表符和竖线对齐式制表符 5 种,不同对齐方式的制表位在标尺上的显示标记是不同的,如表 2-1 所示为不同对齐方式的制表位在标尺上的显示标记和功能。

表 2-1　制表位示例

制表位名称	显示标记	功　能
居中式制表符	⊥	字符以该位置为中线向左右两边排列
左对齐式制表符	L	字符从该位置向右排列
右对齐式制表符	⌐	字符从该位置向左排列
小数点对齐式制表符	⊥	十进制小数的小数点与该位置对齐
竖线对齐式制表符	I	在该位置插入一条竖线

利用制表位对齐房屋装修协议中文本的具体操作步骤如下:

01 将鼠标光标定位在"发包方"下面的段落中或选中"发包方"下面的段落。

02 在水平标尺最左端和垂直标尺的交界处单击鼠标直至出现"左对齐式制表符" L 为止。

03 在水平标尺上标有"18"的刻度处单击鼠标,在该处设置左对齐式制表符的标记。

04 将插入点定位在"住所"的前面按 Tab 键,则"住所"文本对齐到"18"刻度的位置。

05 单击开始选项卡剪贴板组中的格式刷按钮 🖌 ,在"承包方"下面的段落上单击鼠标。

06 将插入点定位在"住所"的前面按 Tab 键,则该段的"住所"文本也对齐到"18"刻度的位置,其效果如图 2-42 所示。

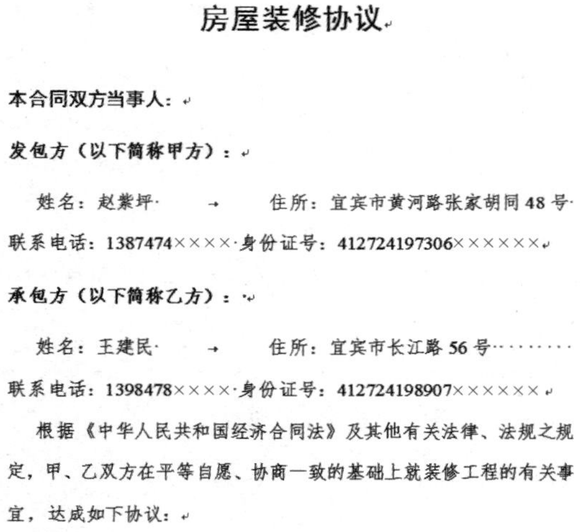

房屋装修协议

本合同双方当事人:

发包方(以下简称甲方):

　　姓名: 赵紫坪　　→　　住所: 宜宾市黄河路张家胡同 48 号

联系电话: 1387474××××·身份证号: 412724197306××××××

承包方(以下简称乙方):

　　姓名: 王建民　　→　　住所: 宜宾市长江路 56 号………

联系电话: 1398478××××·身份证号: 412724198907××××××

　　根据《中华人民共和国经济合同法》及其他有关法律、法规之规
定,甲、乙双方在平等自愿、协商一致的基础上就装修工程的有关事
宜,达成如下协议:

图 2-42　利用制表位对齐文本的效果

07 选定协议的最后两个段落。

08 单击开始功能区段落组右下角的对话框启动器按钮,打开段落对话框,单击制表位按钮,打开制表位对话框。

09 在对话框中的默认制表位文本框中显示了系统默认的制表位,这是在不设置具体制表位时按 Tab 键一次移动的距离。

10 在制表位位置文本框中输入 4 字符,在对齐方式区域选择制表位的对齐方式为左对齐,在前导符区域选择制表位的前导符为无。单击设置按钮,则可得到第一个制表位。

11 继续在制表位位置文本框中输入 24 字符，在对齐方式区域选择制表位的对齐方式为左对齐，在前导符区域选择制表位的前导符为无。单击设置按钮，得到第二个制表位，如图 2-43 所示。

12 设置完毕后单击确定按钮。

13 将鼠标光标定位在"甲方签字"前面，按 Tab 键则"甲方签字"移到第 4 个字符的位置；将鼠标光标定位在"乙方签字"前面，按 Tab 键则"乙方签字"移到第 24 个字符的位置；将鼠标光标定位在第一个日期前面，按 Tab 键则第一个日期移到第 4 个字符的位置；将鼠标光标定位在第二个日期前面，按 Tab 键则第二个日期移到第 24 个字符的位置，其效果如图 2-44 所示。

图 2-43　制表位对话框

12、本合同自甲、乙双方签字（盖章）后生效。

附件：《施工范围、规范及使用材料清单》

→ 甲方签字（盖章）：　　　→　　乙方签字（盖章）：

→ 2014 年 4 月 15 日　　　→　　2014 年 4 月 15 日

图 2-44　在一段文本中应用两个制表位的效果

教你一招

如果要删除制表位，在制表符上按住鼠标左键将它拖出标尺即可。在制表位对话框的制表位位置列表中选中要删除的制表位，单击清除按钮，可清除选中的制表位，如果单击全部清除按钮，则清除所有的制表位。

⁛ 动手做 4　设置换行和分页

默认情况下，Word 2010 按照页面设置自动分页，但自动分页有时会使一个段落的第一行排在页面的最下面或使一个段落的最后一行出现在下一页的顶部。为了保证段落的完整性及更好的外观效果，可以通过换行和分页的设置条件来控制段落的分页。

例如在房屋装修协议中，协议的第 6 条第一行显示在上一页而第二行显示在下一页，此时用户可以利用换行和分页的设置来使协议的第 6 条显示在一页中，具体操作步骤如下：

01 将鼠标光标定位在协议第 6 条段落中。

02 单击开始功能区段落组右下角的对话框启动器按钮，打开段落对话框，单击换行和分页选项卡，如图 2-45 所示。

03 选中段前分页复选框，单击确定按钮，则协议第 6 条的第一行进入到下一页，其效果如图 2-46 所示。

分页区域各个选项的具体功能如下：

● 孤行控制：选中该复选框时，如果段落的第一行出现在页面的最后一行，Word 2010 将自动调整并将该行推至下一页；如果段落的最后一行出现在下一页的顶部，Word 2010 自动将孤行前面的一行也推至下页，使段落的最后一行不再是孤行。

段落
缩进和间距(I)
换行和分页(P)
中文版式(H)
分页
孤行控制(W)
与下段同页(X)
段中不分页(K)
段前分页(B)
格式设置例外项
取消行号(S)
取消断字(D)
文本框选项
紧密环绕(R):
无
预览
制表位(T)...
设为默认值(D)
确定
取消

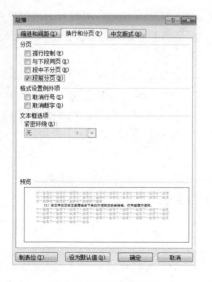

图 2-45　设置段前分页

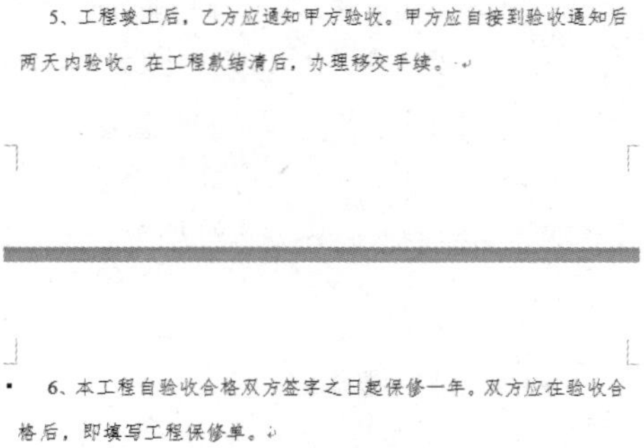
5、工程竣工后，乙方应通知甲方验收。甲方应自接到验收通知后
两天内验收。在工程款结清后，办理移交手续。
6、本工程自验收合格双方签字之日起保修一年。双方应在验收合
格后，即填写工程保修单。

图 2-46　设置段前分页的效果

- 与下段同页：如果选中该复选框，则可以使当前段落与下一段落同处于一页中。
- 段中不分页：如果选中该复选框，则段落中的所有行都将处于一页中，中间不分页。
- 段前分页：如果选中该复选框，则可以使当前段落排在新的一页开始。

知识拓展

通过前面的任务主要学习了打开文档的方法，设置段落格式，设置项目符号和编号，设置字符效果，设置边框和底纹，打印文档，格式刷的使用，制表位的应用以及换行和分页的设置。这些操作都是格式化文档的基本操作，另外还有一些基本操作在前面的任务中没有运用到，下面简单介绍一下。

动手做 1　撤销操作

Word 2010 在执行“撤销”命令时，它的名称会随着用户的具体工作内容而变化。

如果只撤销最后一步操作，可单击快速访问工具栏中的撤销按钮 或按组合键 Ctrl+Z。

如果想一次撤销多步操作，可连续多次单击撤销按钮，或者单击撤销按钮后的下三角箭头，在下拉列表框中选择要撤销的步骤即可，如图 2-47 所示。

键入
键入 "。"
键入 "所示"
键入 "27"
键入 "-"
键入 "3"
键入 "如图"

图 2-47　撤销下拉列表

某些操作无法撤销，如在文件选项卡上单击命令或保存文件。如果用户无法撤销某操作，撤销命令将更改为无法撤销命令。

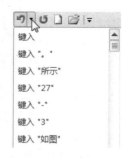

动手做 2　恢复和重复操作

执行完一次撤销操作命令后，如果用户又想恢复撤销操作之前的内容，可单击恢复按钮，或按组合键 Ctrl+Y。

默认情况下，当用户在 Word 中执行某些操作后，重复命令 将在快速访问工具栏中可用。

如果不能重复上一个操作，重复命令将更改为无法重复命令。要重复上一个操作，可以单击快速访问工具栏上的重复按钮 ↻ ，或按组合键 Ctrl+Y。

∷ 动手做 3 设置横线

在一些官方红头文件的通知中经常会看到一条红色的横线，用户可以利用边框中的下框线来设置这条横线，也可以使用 Word 2010 提供的横线功能来设置。

设置横线的具体操作步骤如下：

01 将鼠标光标定位在要绘制横线段落的后面，如将鼠标光标定位在"房屋装修协议"的后面。

02 在开始选项卡下，单击段落选项组中下画线按钮的下三角箭头，然后在列表中选择横线选项，则可在"房屋装修协议"段落的下面添加横线，其效果如图 2-48 所示。

03 在横线上单击鼠标右键，在快捷菜单中选择设置横线格式命令，打开设置横线格式对话框，如图 2-49 所示。

图 2-48 添加横线效果	图 2-49 设置横线格式对话框

04 在高度列表中选择或输入线宽，在颜色区域选择横线的颜色。

05 设置完毕，单击确定按钮。

∷ 动手做 4 自定义项目符号

用户如果对系统提供的项目符号或编号不满意，则可以在文档中创建自己喜欢的项目符号样式，例如使用图片作为项目符号，具体操作步骤如下：

01 选中要应用自定义项目符号的段落，在项目符号下拉列表中单击定义新项目符号命令，打开定义新项目符号对话框，如图 2-50 所示。

02 在对话框中单击图片按钮，打开图片项目符号对话框，如图 2-51 所示。

图 2-50 定义新项目符号对话框

图 2-51 图片项目符号对话框

03 在图片项目符号对话框中选择一种图片，单击确定按钮，返回到定义新项目符号对话框。

04 在对齐方式列表中选择一种对齐方式。

05 单击确定按钮，自定义的项目符号被应用到选定的段落上，同时该项目符号显示在项目符号库列表中。

动手做 5　创建多级符号

所谓多级列表是指 Word 2010 文档中编号或项目符号列表的嵌套，以实现层次效果。在 Word 2010 文档中可以插入多级列表，在文档中创建多级符号的具体操作步骤如下：

01 在文档中选中要应用多级符号的段落。

02 在开始选项卡下单击段落组中多级列表按钮右侧的下三角箭头，打开多级列表，如图 2-52 所示。

03 在列表库区域单击如图 2-52 所示的编号，则应用编号的效果如图 2-53 所示。

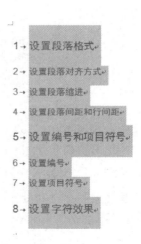

图 2-52　应用编号　　　　图 2-53　应用编号的效果

04 选中第 2、3、4 编号段落，在打开的多级列表中单击更改列表级别选项，并在打开的下一级菜单中选择编号列表的级别，如图 2-54 所示。

更改列表级别后的效果如图 2-55 所示。

动手做 6　以只读或副本方式打开文档

默认情况下文档都是以读写方式打开的。但是用户为了保护文档内容不会被错误操作而更改，可以自己定义文档的打开方式。例如，以只读方式或以副本方式打开文档。

当以只读方式打开文档时，可以保护原文档不被修改，即使对原文档进行了修改，Word 也不允许以原来的文件名保存。要想以原来的文件名保存就不能保存在原先的位置。

当以副本方式打开文档时，系统默认为是在原文档所在的文件夹中创建并打开原文档的一个副本。因此，用户必须对该文档所在的文件夹具有读写权限。对副本的任何修改都不会影响原文档，所以以副本方式打开文档，同样可以起到保护原文档的作用。以副本方式打开时，程序会自动在文档原名称后加上序号。

图 2-54　更改列表的级别　　　　　　　图 2-55　应用多级列表的效果

以只读或副本方式打开文档的具体操作步骤如下：

01 单击文件选项卡，然后单击打开选项，或者在快速访问工具栏上单击打开按钮 📷 都可以弹出打开对话框。

02 在打开对话框中选择文件所在的文件夹，在文件列表中选中要打开的文档。

03 单击打开按钮后的下三角箭头，打开一个如图 2-56 所示的下拉菜单，在菜单中选择以只读方式打开或以副本方式打开命令即可。

图 2-56　打开对话框

⟫ 动手做 7　利用标尺设置段落缩进

在标尺上拖动缩进滑块可以快速灵活地设置段落的缩进，水平标尺上有 4 个缩进滑块，如图 2-57 所示。将鼠标光标放在缩进滑块上，当鼠标光标变成箭头状时稍作停留，将会显示该滑块的名称。在使用鼠标拖动滑块时可以根据标尺上的尺寸确定缩进的位置。

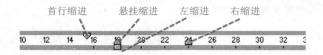

图 2-57　标尺上的缩进滑块

课后练习与指导

一、选择题

1．在 Word 2010 中，组合键（　　）具有撤销功能。

    A．Ctrl+R   B．Ctrl+Z   C．Ctrl+Y   D．Ctrl+A

2．下列（　　）在"字体"对话框中可以进行设置。

    A．文字间距   B．字号   C．字体   D．字形

3．（　　）不是 Word 2010 中提供的段落对齐方式。

    A．左对齐   B．两端对齐   C．分散对齐   D．左右对齐

4．在 Word 2010 中按组合键（　　）可以切换到"文件"选项卡的"打印"选项。

    A．Ctrl+R   B．Ctrl+P   C．Ctrl+Y   D．Ctrl+N

5．在 Word 2010 中组合键（　　）具有恢复功能。

    A．Ctrl+R   B．Ctrl+Z   C．Ctrl+Y   D．Ctrl+A

6．快速调整行距的组合键 Ctrl+1 是（　　），Ctrl+2 是（　　），Ctrl+5 是（　　）。

    A．1.5 倍行距，单倍行距，2 倍行距

    B．单倍行距，2 倍行距，1.5 倍行距

    C．2 倍行距，1.5 倍行距，单倍行距

    D．1.5 倍行距，2 倍行距，单倍行距

二、填空题

1．单击＿＿＿＿＿选项卡，然后单击＿＿＿＿＿选项，可以打开"打开"对话框。

2．Word 2010 提供了＿＿＿＿、＿＿＿＿、＿＿＿＿、＿＿＿＿和＿＿＿＿5 种水平对齐方式。

3．段落的缩进可分为＿＿＿＿、＿＿＿＿、＿＿＿＿和＿＿＿＿4 种方式。

4．在＿＿＿＿选项卡下＿＿＿＿组中提供了设置段落对齐方式的按钮，另外在＿＿＿＿对话框中用户也可以设置段落对齐格式。

5．在"开始"选项卡下单击＿＿＿＿组中"编号"按钮右侧的下三角箭头，在列表中用户可以为段落设置编号。

6．利用"开始"选项卡下＿＿＿＿组中"字符边框"按钮，可以方便地为选定的一个或多个字符添加默认边框。

7．按组合键 Ctrl+E 可以设置＿＿＿＿对齐，按组合键 Ctrl+J 可以设置＿＿＿＿对齐，按组合键 Ctrl+L 可以设置＿＿＿＿对齐。

8．在"段落"对话框中如果选中＿＿＿＿复选框，则可以使当前段落与下一段落同处于一页中。

9．制表位根据对齐方式的不同分为_____制表符、_____制表符、_____制表符、_____制表符和_____制表符 5 种。

三、简答题

1．如何利用格式刷复制段落格式？
2．如何将某个符号自定义为项目符号？
3．如何取消应用的编号？
4．如何在文档中添加横线？
5．要使段落的第一行不出现在页面的最后一行，而出现在下一页，应如何进行设置？
6．如何创建多级符号？
7．想打印鼠标指针定位的页时，应如何操作？
8．打开文档有哪些方式？

四、实践题

按下述要求完成全部操作，结果如图 2-58 所示。

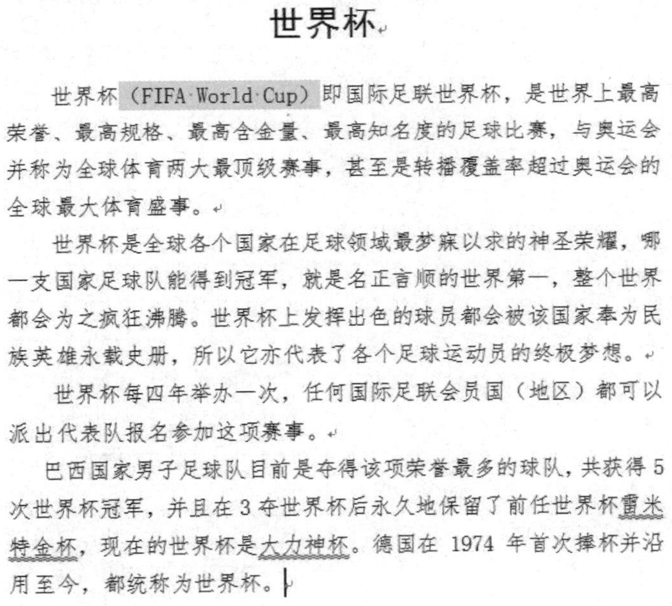

世界杯

世界杯（FIFA World Cup）即国际足联世界杯，是世界上最高荣誉、最高规格、最高含金量、最高知名度的足球比赛，与奥运会并称为全球体育两大最顶级赛事，甚至是转播覆盖率超过奥运会的全球最大体育盛事。

世界杯是全球各个国家在足球领域最梦寐以求的神圣荣耀，哪一支国家足球队能得到冠军，就是名正言顺的世界第一，整个世界都会为之疯狂沸腾。世界杯上发挥出色的球员都会被该国家奉为民族英雄永载史册，所以它亦代表了各个足球运动员的终极梦想。

世界杯每四年举办一次，任何国际足联会员国（地区）都可以派出代表队报名参加这项赛事。

巴西国家男子足球队目前是夺得该项荣誉最多的球队，共获得 5 次世界杯冠军，并且在 3 夺世界杯后永久地保留了前任世界杯雷米特金杯，现在的世界杯是大力神杯。德国在 1974 年首次捧杯并沿用至今，都统称为世界杯。

图 2-58　设置效果

1．设置第一行标题字体为"黑体"，字号为"二号"；正文字体为"仿宋"，字号为"四号"。
2．设置第一行标题为居中对齐方式。
3．设置正文各段首行缩进"2 字符"，左缩进"1 字符"
4．设置第一行标题段落段后间距为"1 行"，设置正文段落行间距为固定值"24 磅"。
5．为"FIFA World Cup"设置默认的字符底纹。
6．为"雷米特金杯"和"大力神杯"设置红色双波浪线。

素材位置：案例与素材\模块 02\素材\世界杯（初始）。
效果位置：案例与素材\模块 02\源文件\世界杯。

模 块 03

Word 表格的应用——制作个人简历表

你知道吗？

表格是编辑文档时常见的文字信息组织形式，它的优点是结构严谨、效果直观。以表格的方式组织和显示信息，可以给人清晰、简洁的感觉。

应用场景

人们平常所见到的电话记录单、课程表等表格，如图 3-1 所示，这些都可以利用 Word 2010 的表格功能来制作。

现场招聘的企业一般都要求应聘者先递交一份简历，而在网上招聘的企业则要求应聘者先发电子简历，用人单位往往先通过电子简历对应聘者进行初步的筛选，因此，简历是求职者获得面试的重要途径，所以在找工作时一定要拿着一份有说服力的简历！

如图 3-2 所示，就是利用 Word 2010 的表格功能制作的个人简历表。请读者根据本模块所介绍的知识和技能来完成这一工作任务。

电话记录单

来电单位		来电人	
来电电话号码		来电时间	
记录人			
电话主要内容			
拟办意见			
领导批示			
备注			

华夏双语小学课程表

节次 \ 科目 \ 星期		星期一	星期二	星期三	星期四	星期五
上午	第一节 8：10-8：50					
	第二节 9：00-9：40					
	9：40-10：10	课间操				
	第三节 10：10-10：50					
	第四节 10：00-10：40					
下午	第一节 2：30-3：10					
	第二节 3：20-4：00	美术	音乐	品德	科学	英语
	4：00-4：40	课外活动				

图 3-1　电话记录单和课程表

个人简历

个人资料		
姓名：赵梓蓉	婚姻状况：未婚	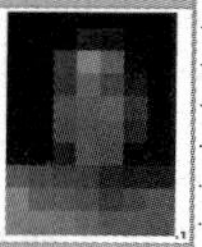
出生：1991 年 9 月 26 日	政治面貌：党员	
性别：男	民族：汉	
学位：本科	联系电话：	
专业：机电一体化	电子邮件：	
地址：		

求职意向

希望应聘贵公司生产部的机电数控职位，并希望在贵公司长期发展。

教育背景

2009.9-2013.6　西南工程技术学院机电一体化专业。

主修课程

机械制图、Pro/Engineer 三维设计、机械设计基础、液压气动系统安装与调试、数控加工编程与操作、自动化生产线安装与调试、电机与拖动基础、C 语言程序设计教程、电气控制与 PLC 应用技术、电子电工技术、工程力学。

个人相关经历

在校期间参加了数控的编程与操作实习、PLC 控制实习、金工实习、电工实习、机电一体化实习等。掌握了机电一体化、数控技术等相关专业技能。在假期做过专业相关工作，同时磨练了自己的意志和吃苦耐劳的精神。

职业技能

1、具有扎实的专业能力。
2、能够熟练使用 CAD、PRO-E 等绘图软件。
3、能熟练应用 office 办公软件。
4、拥有数控机床证、专业证。

自我评价

本人性格开朗、稳重、有活力，待人热情、真诚。工作认真负责，积极主动，能吃苦耐劳。有较强的组织能力、实际动手能力和团体协作精神，能迅速的适应各种环境，并融入其中。我不是最优秀的，但我是最用功的；我不是太显眼，但我很踏实；希望我的努力可以让您满意。

图 3-2　个人简历表

相关文件模板

利用 Word 2010 软件的表格功能，还可以完成会议签到表、培训班、课程表、员工工资调整申请表、费用报销单、差旅费报销单、办公用品申领表、节假日安排表、招待费用报销单等工作任务。为方便读者，本书在配套的资料包中提供了部分常用的文件模板，具体文件路径如图 3-3 所示。

图 3-3　应用文件模板

背景知识

简历，顾名思义，就是对个人学历、经历、特长、爱好及其他有关情况所作的简明扼要的书面介绍。简历是广大职业人士用来和单位取得联系，"投石问路"最常用的方法，在求职择业时起着举足轻重的作用，它更是一张拜会企业的帖子，介绍和展示着最精彩的一段人生。一份理想的简历，必然会不失时机地为您求职择业打开成功之门。

那么如何才能写好一份简历，让自己从千百份简历中脱颖而出呢？这里为求职者提供几点建议：

1．简中有繁，略中有详。简历最好是一页或最多不超过两页，这样的话，我们就要把自身的工作经历精简化，突出重点，要使简历的内容与招聘的职位要求相符。

2．目标一定要明确。一定要在简历最醒目处，明确表述自己希望工作的"目标部门"以及"目标岗位"。特别要重视自己的理想职位是什么，然后从专业、技能、经验、兴趣等方面简单分析自己目标职位的优势。

3．形式整洁，美观。找工作不是走形式，简历的制作不可以太花哨，关键还是内容，所以简历看起来要尽量整洁、美观，除非是一些设计、策划类的岗位，可以别出心裁，与众不同。

4．针对不同公司的简历应不同。公司不相同，企业文化自然有差异。应聘者千万要记住，应聘不同的企业，一定要用不同的简历。

设计思路

在个人简历表的制作过程中，首先创建一个表格，然后对表格进行编辑，最后还应对表格进行修饰。制作办公用品申领表的关键步骤可分解为：

01 创建表格。

02 编辑表格。

03 修饰表格。

04 设置表格对齐方式。

项目任务 3-1 ▶ 创建表格

表格是由水平的行和垂直的列组成的，行与列交叉形成的方框称之为单元格。在 Word 2010 中提供了多种创建表格的方法，可以使用表格按钮、插入表格对话框或直接绘制表格等方法来创建表格。

如果创建的表格行列数比较少，可以利用表格按钮，但是所创建的表格不能设置自动套用格式和列宽，而是需要在创建表格后做进一步的调整。用插入表格对话框创建的表格，可以在其中输入表格的行数和列数，系统自动在文档中插入表格，这种方法不受表格行数、列数的限制，并且还可以同时设置表格的列宽。

由于个人简历表的行列数比较多而且复杂，这里利用插入表格对话框来创建个人简历表，具体操作步骤如下：

01 创建一个新文档，输入表头文字"个人简历表"。

02 将插入点定位在表头文字的下一行。

03 在插入选项卡的表格组中单击表格按钮，打开表格下拉列表，如图 3-4 所示。

04 单击插入表格选项，打开插入表格对话框，如图 3-5 所示。

05 这里设置列数为 2，行数为 20。

06 单击确定按钮，完成插入表格的操作，如图 3-6 所示。

个·人·简·历

图 3-4　表格列表　　　　图 3-5　插入表格对话框　　　　图 3-6　插入表格后的效果

07 保存文档，将文件命名为"个人简历"，文档保存在案例与素材\模块 03\源文件文件夹中。

在插入表格对话框的自动调整操作选项区域中还可以选择以下操作内容：

● 选择固定列宽单选按钮，可以在数值框中输入或选择列的宽度，也可以使用默认的自动选项把页面的宽度在指定的列之间平均分布。这里选择默认设置。

● 选择根据内容调整表格单选按钮，可以使列宽自动适应内容的宽度。

● 选择根据窗口调整表格单选按钮，可以使表格的宽度与窗口的宽度相适应，当窗口的宽度改变时，表格的宽度也随之改变。

● 若选中为新表格记忆此尺寸复选框，此时对话框中的设置将成为以后新建表格的默认值。

教你一招

如果在插入表格之前没有输入表格标题，想要在表格上方插入一个空行用于输入表格标题时，将鼠标指针定位在表格的第一个单元格中，按 Enter 键，就可以在表格上方插入一个空行。

项目任务 3-2　编辑表格

编辑表格主要包括在表格中移动插入点并在相应的单元格中输入文本和信息，移动和复制单元格中的内容及插入、删除行（列）等基本的编辑操作。

动手做 1　在表格中输入文本

在表格中输入文本与在文档中输入文本的方法一样，都是先定位插入点，创建好表格后插入点默认定位在第一个单元格中。如果需要在其他单元格中输入内容，只要用鼠标单击该单元格即可定位插入点，然后再向表格中输入数据就可以了。

如果在单元格中输入文本时出现错误，按 Backspace 键删除插入点左边的字符，按 Delete 键删除插入点右边的字符，在简历表中输入内容的效果如图 3-7 所示。

个·人·简·历

个人资料	
姓　名：赵梓寒	婚姻状况：未婚
出　生：1991 年 9 月 26 日	政治面貌：党员
性　别：男	民　族：汉
学　位：本科	联系电话：
专　业：机电一体化	电子邮件：
地　址：	
求职意向	
教育背景	
主修课程	
个人相关经历	
职业技能：	
自我评价	

图 3-7　在创建的表格中输入内容

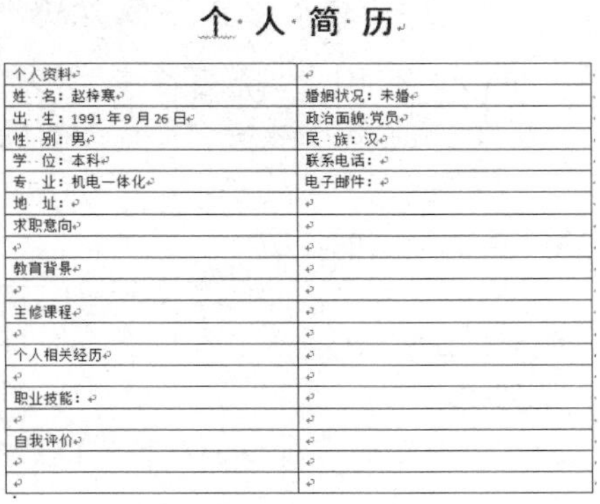

动手做 2　在表格中插入行（列）

在创建表格时可能有的行（列）不能满足要求，此时可以在表格中插入行（列）使表格的行（列）能够满足需要。

如果用户希望在表格的某一位置插入行（列），首先将鼠标定位在对应位置，然后选择布局选项卡中的行和列组中的选项即可。

例如，在编辑完个人简历表的文本后发现缺少粘贴照片的单元格，此时可以在表格的最右端插入一个列，具体操作步骤如下：

01 将插入点定位在第 2 列的任意单元格中。

02 在布局选项卡中的行和列组中单击在右侧插入列按钮，则在表格的最右侧插入一个空白列，如图 3-8 所示。

教你一招

将鼠标光标定位到最后某一行边框线的外面，按键盘上的 Enter 键，可在当前行的下面插入一个新的空白行。将鼠标光标定位到最后一行的最后一个单元格中，按 Tab 键，也可插入一个新行。

动手做 3　在表格中删除多余行（列）

插入表格时，对表格的行或列控制的不好将会出现多余的行或列，用户可以根据需要将多余的行或列删除。在删除单元格、行或列时，单元格、行或列中的内容同时也被删除。

例如，个人简历表的最后一个空白行是多余的，用户可将它删除，具体操作步骤如下：

01 将鼠标光标定位在最后一个空白行的任意单元格中。

02 在布局选项卡中的行和列组中单击删除按钮，打开一个下拉列表，如图 3-9 所示。

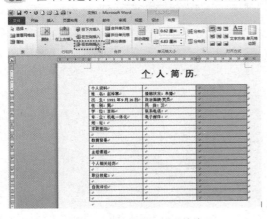

图 3-8　表格中插入列后的效果

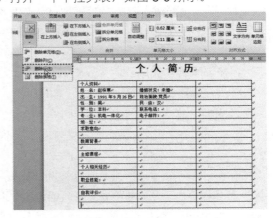

图 3-9　删除行

03 单击删除行选项，则所选的行被删除。

动手做 4　合并单元格

Word 2010 允许将多个单元格合并成一个单元格，或者将一个单元格拆分为多个单元格，这为制作复杂的表格提供了极大的便利。

在调整表格结构时，如果需要让几个单元格变成一个单元格，可以利用 Word 2010 提供的合并单元格功能。

例如对"个人简历表"表格的单元格进行合并，具体操作步骤如下：

01 将鼠标光标定位在简历表第 1 行第 1 个单元格中，按住鼠标左键向右拖动，选中第 1 行的 3 个单元格。

02 单击布局选项卡合并组中的合并单元格按钮，则选中的单元格被合并为一个单元格，如图 3-10 所示。

03 将鼠标光标定位在简历表第 2 行第 3 个单元格中，按住鼠标左键向下拖动，选中第 3 列第 2～7 个单元格。

04 单击布局选项卡合并组中的合并单元格按钮，则选中的单元格被合并为一个单元格。按照相同的方法合并表格中需要合并的单元格，最终效果如图 3-11 所示。

图 3-10　合并单元格　　　　　　　　　　　　图 3-11　合并单元格后的效果

项目任务 3-3　修饰表格

表格创建编辑完成后，为了使其更美观大方，还可以进行添加边框和底纹、设置表格中文本的对齐方式等修饰操作。

动手做 1　调整行高

在 Word 2010 中，表格的不同行可以有不同的高度，但同一行中的所有单元格都必须具备相同的高度。

为个人简历表调整行高的具体操作步骤如下：

01 首先在空白的单元格中补充输入相应的文本，如图 3-12 所示。

02 将鼠标移到第 1 行左边界的外侧，当鼠标光标变成 形状时，单击鼠标则可选中该行。

03 在布局选项卡单元格大小组的表格行高度文本框中输入 0.9 厘米，则选定行的高度被设置为 0.9 厘米，其效果如图 3-13 所示。

图 3-12　在空白单元格中输入相应的文本　　　　图 3-13　设置行高后的效果

04　按照相同的方法设置求职意向、教育背景、主修课程、个人相关经历、职业技能、自我评价行的行高为 0.9 厘米。

05　将鼠标光标移到第 2 行左边界的外侧，当鼠标光标变成 ⬧ 形状时，单击鼠标则可选中该行，按住鼠标左键向下拖动选中第 3～7 行。

06　在布局选项卡单元格大小组的表格行高度文本框中输入 0.75 厘米，则选定的行高度被设置为 0.75 厘米，

07　将鼠标指针移动到"希望应聘贵公司……"行的下边框线上，当出现一个改变大小的行尺寸工具 ⬍ 时按住鼠标左键向下拖动鼠标，此时出现一条水平的虚线，显示改变行高度后的位置，当行高调整合适时松开鼠标，如图 3-14 所示。

个 · 人 · 简 · 历

个人资料			
姓 · 名：赵特寨	婚姻状况：未婚	照片	
出 · 生：1991 年 9 月 26 日	政治面貌：党员		
性 · 别：男	民 · 族：汉		
学 · 位：本科	联系电话：		
专 · 业：机电一体化	电子邮件：		
地 · 址：			
求职意向			
希望应聘贵公司生产部的机电数控职位，并希望在贵公司长期发展			
教育背景			
2009.9-2013.6　西南工程技术学院机电一体化专业			
主修课程			
机械制图、Pro/Engineer 三维设计、机械设计基础、液压气动系统安装与调试、数控加工编程与操作、自动化生产线安装与调试、电机与拖动基础、C 语言程序设计教程、电气控制与 PLC 应用技术、电子电工技术、工程力学			
个人相关经历			

拖动鼠标
调整行高

图 3-14　利用鼠标调整行高

08　按照相同的方法适当调整主修课程、个人相关经历、职业技能、自我评价下面具体内容行的行高。

⁝ 动手做 2　调整列宽

对于已有的表格，为了让各列的宽度与内容相符，用户可以调整列宽。在 Word 2010 中不同的列可以有不同的宽度，同一列中各单元格的宽度也可以不同。

例如，调整个人简历表列宽的具体操作步骤如下：

01　将鼠标光标移到第 1 行左边界的外侧，当鼠标光标变成 ⬧ 形状时，单击鼠标则可选中该行。

02　在布局选项卡单元格大小组的表格列宽度文本框中输入 16 厘米，则选定的行宽度被设置为 16

厘米，如图 3-15 所示。

图 3-15　设置列宽后的效果

03 将鼠标光标移到第 8 行左边界的外侧，当鼠标光标变成 ⚟ 形状时，单击鼠标则可选中该行，按住鼠标左键向下拖动下面所有的行。

04 在布局选项卡单元格大小组的表格列宽度文本框中输入 16 厘米，则选定的行宽度被设置为 16 厘米。

05 将鼠标指针移动到姓名后面的列边框线上，当出现一个改变大小的列尺寸工具 ◀╟▶ 时按住鼠标左键进行拖动，此时出现一条垂直的虚线，显示列改变后的宽度，到达合适位置松开鼠标即可，如图 3-16 所示。

图 3-16　拖动鼠标设置列宽

06 按照相同的方法适当调整婚姻状况、照片所在列的列宽，调整行高和列宽的效果如图 3-17 所示。

个 · 人 · 简 · 历

个人资料		
姓　名：赵梓惠	婚姻状况：未婚	照片
出　生：1991 年 9 月 26 日	政治面貌：党员	
性　别：男	民　族：汉	
学　位：本科	联系电话：	
专　业：机电一体化	电子邮件：	
地　址：		
求职意向		
希望应聘贵公司生产部的机电数控职位，并希望在贵公司长期发展		
教育背景		
2009.9-2013.6　西南工程技术学院机电一体化专业		
主修课程		
机械制图、Pro/Engineer 三维设计、机械设计基础、液压气动系统安装与调试、数控加工编程与操作、自动化生产线安装与调试、电机与拖动基础、C 语言程序设计教程、电气控制与 PLC 应用技术、电子电工技术、工程力学		

图 3-17　设置行高和列宽的效果

教你一招

如果在拖动鼠标时，按住 Shift 键，将会改变边框左侧一列的宽度，并且整个表格的宽度将发生变化，但是其他各列的宽度不变。如果在拖动鼠标的同时按住 Ctrl 键，则边框右侧的各列宽度发生均匀变化，整个表格宽度不变。如果在拖动鼠标时，按住 Alt 键，可以在标尺上显示列宽。

提示

在利用单元格大小组中的表格列宽度文本框调整列宽时，如果选中的是一列，则调整当前列列宽，如果选中的是行，则调整该行中每个列的宽度。

动手做 3　设置单元格的对齐方式

设置表格中文本的格式和在普通文档中一样，可以采用设置文档中文本格式的方法设置表格中文本的字体、字号、字形等格式，此外还可以设置表格中文字的对齐方式。

单元格默认的对齐方式为靠上两端对齐，即单元格中的内容以单元格的上边线为基准向左对齐。如果单元格的高度较大，但单元格中的内容较少，不能填满单元格时顶端对齐方式会影响整个表格的美观，用户可以对单元格中文本的对齐方式进行设置。

设置个人简历表单元格对齐方式的具体操作步骤如下：

01 将鼠标光标定位在第 1 行中，在布局选项卡对齐方式组中单击中部两端对齐按钮，

02 将鼠标光标定位在"照片"单元格中，在布局选项卡对齐方式组中单击水平居中按钮。

03 将鼠标光标定位在"姓名"单元格中，按住鼠标左键拖动鼠标选中"姓名"、"婚姻状况"至"地址"单元格，在布局选项卡对齐方式组中单击中部两端对齐按钮。

04 将鼠标光标移到第 8 行左边界的外侧，当鼠标光标变成 形状时，单击鼠标则可选中该行，按住鼠标左键向下拖动下面所有的行。在布局选项卡对齐方式组中单击中部两端对齐按钮。设置单元格对齐效果如图 3-18 所示。

动手做 4　设置单元格中的文本和段落格式

为了使简历表格看起来更正式，需要对单元格中的文本和段落格式进行设置。

设置个人简历表格中文本和段落格式的具体操作步骤如下：

01 选中第 1 行中的"个人资料"文本，在开始选项卡字体组的字号下拉列表中选择小四，单击加粗按钮。

02 选中设置了文本格式的"个人资料"文本，双击开始选项卡剪贴板组中的格式刷按钮，然后用格式刷分别选中"照片"、"求职意向"、"主修课程"、"个人相关经历"、"职业技能"、"自我评价"文本。最后再次单击格式刷按钮。

03 将鼠标光标定位在"求职意向"下面的一行中，单击开始选项卡段落组右下角的对话框启动器按钮，打开段落对话框。

04 在缩进区域的特殊格式下拉列表中选择首行缩进，并在度量值文本框中选择或输入 2 字符，单击确定按钮。

05 按照相同的方法设置"主修课程"、"个人相关经历"、"职业技能"、"自我评价"下面一行中的段落首行缩进两个字符。

06 选中"职业技能"下面一行中的所有段落，在开始选项卡下，单击段落组中的编号选项右侧的下

三角箭头，在列表的编号库区域单击相应的编号。为表格设置文本和段落格式的效果如图 3-19 所示。

图 3-18　设置单元格文本对齐后的效果　　　　图 3-19　设置表格文本和段落格式的效果

✳ 动手做 5　设置表格边框和底纹

表格中的文字可以通过 Word 2010 提供的修饰功能，变得更漂亮，表格也不例外。颜色、线条、底纹可以任意选择。

为个人简历表添加边框和底纹的具体操作步骤如下：

01 单击表格左上角的控制按钮✛，选中整个表格。

02 单击设计选项卡绘图边框组右侧的对话框启动器按钮，打开边框和底纹对话框，如图 3-20 所示。

03 单击边框选项卡，在设置区域单击虚框按钮，在样式列表中选择实线，在颜色列表中选择白色，背景 1，深色 25%选项，在宽度列表中选择 3.0 磅，在应用于下拉列表中选择表格。

图 3-20　边框和底纹对话框

04 单击确定按钮，为表格设置边框的效果如图 3-21 所示。

05 选中表格的"个人资料"一行，在设计选项卡表格样式组中单击底纹按钮，打开一个下拉列表，在列表中选择深蓝，文字 2，淡色 80%选项，如图 3-22 所示。

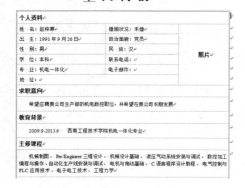

图 3-21　设置边框的效果　　　　　　　　图 3-22　设置表格底纹

06 按照相同的方法为"求职意向"、"教育背景"、"主修课程"、"个人相关经历"、"职业技能"、"自我评价"行设置深蓝，文字 2，淡色 80%的底纹。

为表格设置边框和底纹的效果如图 3-23 所示。

教你一招 ● ● ●

设置边框时用户也可在设计选项卡表格样式组中单击边框按钮，然后在列表中选择边框的样式。

动手做6　在表格中插入图片

后面的章节中会详细讲解如何在文档中插入图片，这里先简单介绍一下如何在单元格中插入图片。

01 将"照片"单元格中的文本删除，并将鼠标光标定位在该单元格中。

02 单击插入选项卡插图组中的图片按钮，打开插入图片对话框，如图 3-24 所示。

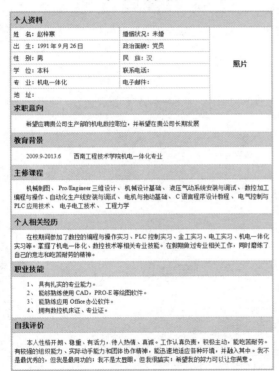

图 3-23　设置边框和底纹的效果

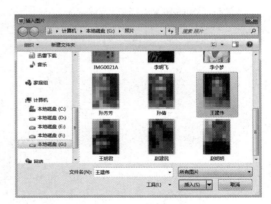

图 3-24　插入图片对话框

03 找到要插入图片的所在位置，在文件列表中选择需要插入的图片。

04 单击插入按钮，在单元格中插入图片。

05 单击图片将其选中，将鼠标光标移动到图片四角的控制点上，当鼠标光标变成双向箭头形状时，按住鼠标左键并拖动鼠标，此时会显示出一个虚线框，显示调整后图片的大小。调整好图片大小后，松开鼠标左键，插入图片的效果如图 3-25 所示。

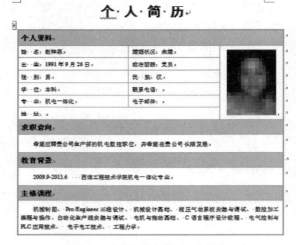

图 3-25　在单元格中插入图片的效果

项目任务 3-4　设置表格对齐方式

在对个人简历表设置列宽后，表格与标题行看起来不协调，用户可以调整表格的对齐方式，使其美观，具体操作步骤如下：

01 将鼠标光标定位在标题单元格中。

02 单击布局选项卡单元格大小组右侧的对话框启动器按钮，打开表格属性对话框，如图 3-26 所示。

图 3-26　表格属性对话框

03 在表格选项卡的对齐方式区域选择居中选项，单击确定按钮，则表格的标题行居中对齐。

项目拓展——制作考试成绩表

对于学校的教师来说，每次考试都需要统计学生的成绩。例如某实验小学六年级一班需要统计期中考试成绩，可以使用 Word 2010 的表格功能来制作如图 3-27 所示的考试成绩表。

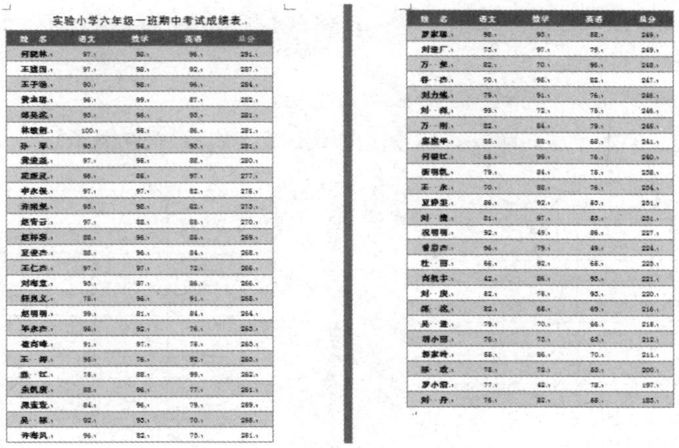

图 3-27　考试成绩表

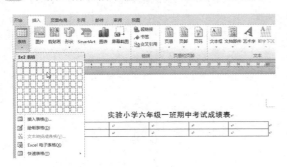

设计思路

在考试成绩表的制作过程中，用户可以利用表格按钮创建新的表格，然后对表格进行编辑，制作课程资讯表格的关键步骤可分解为：

01 利用表格按钮创建表格。

02 使用公式计算。

03 排序数据。

04 应用表格样式。

05 重复表格标题行。

动手做 1　利用表格按钮创建表格

用户可以利用表格按钮创建表格，具体操作步骤如下：

01 创建一个新文档，将文档保存，文件名为“实验小学六年级一班期中考试成绩表”，文档保存在“案例与素材\模块 03\源文件”文件夹中。

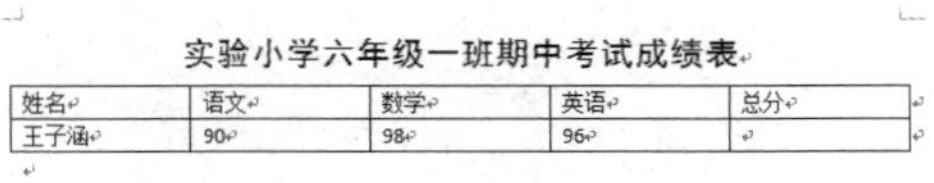

02 在文档中首先输入表头文字，并设置文字的字体为黑体，字号为三号，居中显示。

03 将鼠标光标定位在标题行的下方，在插入选项卡表格组中单击表格按钮，弹出一个下拉列表，在插入表格网格区域按住鼠标左键沿网格左上角向右拖动指定表格的列数，向下拖动指定表格的行数。

04 这里选择列数为 5，行数为 2，松开鼠标左键，完成插入表格的操作，如图 3-28 所示。

05 在插入的表格中输入文本，如图 3-29 所示。

图 3-28　利用表格按钮创建表格

实验小学六年级一班期中考试成绩表

姓名	语文	数学	英语	总分
王子涵	90	98	96	

图 3-29　在插入的表格中输入文本

06 将鼠标光标定位到第 2 行边框线的外面，按键盘上的 Enter 键，在当前行的下面插入一个新的空白行，继续输入学生的成绩。

07 按照相同的方法将全班的成绩全部输入到表格中。

08 设置表格中的文本水平居中对齐，成绩表的最终效果如图 3-30 所示。

实验小学六年级一班期中考试成绩表				
姓　名	语文	数学	英语	总分
王子涵	90	98	96	
邹昊远	95	96	95	
罗家聪	98	93	88	
何晓林	97	98	96	
韩继刚	100	96	86	
黄志聪	96	99	87	
王仁杰	97	97	72	
覃健圣	97	98	88	
覃志杰	96	92	76	
曾思杰	96	79	49	
夏俊杰	88	96	84	
夏静雯	86	92	85	
黎　欢	76	72	85	
蒙晓华	88	88	68	
吴　蓉	92	95	70	
刘　勇	81	97	85	
邹昊远	82	65	69	
万　纯	82	84	79	
胡小丽	76	75	65	
刘力娥	79	91	76	
吴　迪	79	70	66	
温　红	78	88	99	
万　集	82	70	96	
罗小滔	77	42	78	
刘　丹	76	92	87	
孙　萍	95	96	85	
梁慧果	95	98	82	
李永侯	97	97	82	
何晓红	65	99	76	
梁聚堂	84	96	79	
刘进厂	75	97	79	
植育峰	91	97	78	
谷　杰	70	95	82	
朱凯薰	88	96	77	
王　永	70	88	76	
肖航宇	42	86	95	
刘　庚	82	75	95	
蒸新灵	96	85	97	
杜　园	66	92	65	
赵明明	99	81	84	
许海凤	96	82	73	
娇美义	78	96	91	
韩家诗	85	86	86	
刘海晨	95	87	86	
刘　森	99	72	75	
赵有云	97	88	86	
王　博	96	76	92	
权明明	92	49	86	
衡明凯	79	84	78	
赵泽志	88	96	86	
王陆国	97	98	92	

图 3-30　在成绩表中输入数据的最终效果

⁑ 动手做 2　使用公式计算

利用 Word 2010 的表格计算功能，可以迅速地对表格中某一行的数值进行数学计算，还可以对某一范围内的单元格进行百分比计算，找出其中的极值。在 Word 2010 的表格中单元格引用为 A1、A2、B1、B2 等，其中字母代表列，数字代表行。

使用公式计算考试成绩表中总分的具体操作步骤如下：

01 将鼠标光标定位在第一行的总分单元格中。

02 单击布局选项卡数据组中的公式按钮，打开公式对话框。此时 Word 2010 会自动对表格进行分析，然后在公式文本框中给出适当的公式，如图 3-31 所示。

03 公式文本框中给出的 SUN 公式是求和函数，参数 LEFT 表示左侧单元格，用户也可将参数修改为 B2:D2，表示对左侧的 B2、C2、D2 单元格求和。由于 A2 单元格中是姓名，不是数值，因此，在考试成绩表中参数使用 LEFT 和 B2:D2 可以得到相同的计算结果。

04 单击确定按钮，即可在总分单元格中得到计算结果，如图 3-32 所示。

图 3-31　公式对话框

实验小学六年级一班期中考试成绩表				
姓　名	语文	数学	英语	总分
王子涵	90	98	96	284

图 3-32　使用公式得到的计算结果

提示

如果 Word 2010 给出的公式是用户所需要的，可以在公式后面的括号中输入参数，如果给出的公式不正确，此时用户可以删除公式文本框中除等号以外的内容，然后输入正确的公式，或在粘贴函数列表中选择正确的函数，然后输入参数。

动手做 3 排序数据

在 Word 2010 中，用户可以按照递增或递减的顺序把表格中某一列的内容按笔画、数字、日期及拼音等进行排序。通过排序，可以根据某特定列的内容来重新排列表格的行，排序并不改变行的内容。

例如，对考试成绩表的总分按照从高到低的顺序进行排序，具体操作步骤如下：

01 将鼠标光标定位在表格的任意单元格中。

02 单击布局选项卡数据组中的排序按钮，打开排序对话框。

03 在列表区域选中有标题行单选按钮，在主要关键字列表中选择总分，然后选中主要关键字后面的降序单选按钮，如图 3-33 所示。

04 单击确定按钮，总分将按照从高到低的顺序进行排序，如图 3-34 所示。

实验小学六年级一班期中考试成绩表

姓 名	语文	数学	英语	总分
何晓林	97	98	96	291
王建国	97	98	92	287
王子逸	90	98	96	284
黄志聪	96	99	87	282
邹昊洺	93	95	93	281
林敏俐	100	95	86	281
孙 琴	93	95	93	281
黄俊尧	97	95	88	280
霍新灵	95	85	97	277
李永保	97	97	82	276
许艳蕊	93	98	82	273
赵青云	97	88	85	270
赵梓寒	88	96	85	269
夏俊杰	88	96	84	268
王仁杰	97	97	72	266
刘海堂	93	87	86	266
轩肖义	78	96	91	265
赵明明	99	81	84	264

图 3-33 排序对话框

图 3-34 对总分进行降序排列的效果

动手做 4 应用表格样式

在为表格设置格式时，可以使用系统内置的样式来快速设置。无论是新建的空白表格还是已输入数据的表格，都可以通过内置的样式来快速编排表格的格式。

例如，为考试成绩表应用表格样式的具体操作步骤如下：

01 将鼠标光标定位在表格的任意单元格中。

02 单击设计选项卡表格样式组中的选择表的外观样式列表右侧的下三角箭头，打开表格样式列表，如图 3-35 所示。

03 在表格样式列表中单击中等深浅底纹 1-强调文字颜色 1 选项，则考试成绩表被应用了选定的样式，如图 3-36 所示。

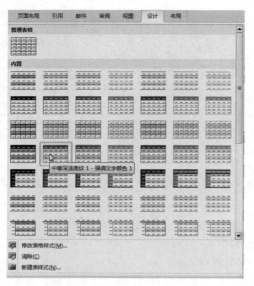

图 3-35　表格样式列表

图 3-36　应用了表格样式的效果

动手做 5　重复表格标题行

由于考试成绩表的内容较多，因此分布在两页中，此时在第二页不显示表格的标题行（也就是表格的第 1 行）。为了方便用户阅读并使版面美观，用户可以为表格的第二页添加表格标题行，具体操作步骤如下：

01 将鼠标光标定位在表格的标题行中。

02 单击布局选项卡数据组中的重复标题行选项，则在第二页显示表格的标题行，如图 3-37 所示。

图 3-37　重复表格标题行的效果

知识拓展

通过前面的任务主要学习了创建表格、编辑表格中文本、插入行（列）、删除行（列）、合并（拆分）单元格、调整行高与列宽、设置边框和底纹、应用公式、排序、应用样式等操作，另外还有一些关于表格常用的操作在前面的任务中没有运用到，下面简单介绍一下。

∷ 动手做 1　选定单元格

选定单元格是编辑表格的最基本操作之一。用户可以利用鼠标选中或利用选定命令选中表格中相邻的或不相邻的多个单元格，也可以选择表格的整行或整列，还可以选定整个表格。在设置表格的属性时应选定整个表格。有一点需要注意，选定表格和选定表格中的所有单元格在性质上是不同的。

利用鼠标可以快速地选中单元格，操作步骤如下：

● 选择单个单元格：将鼠标光标移动到单元格左边界与第一个字符之间，当鼠标指针变成 ↗ 形状时单击鼠标即可选中该单元格，双击则可选中整行。

● 选择多个单元格：如果选择相邻的多个单元格，在表格中按住鼠标左键并进行拖动，在虚框范围内的单元格将被选中。

● 选择一行：将鼠标光标移到该行左边界的外侧，当鼠标光标变成 ↗ 形状时，单击鼠标则可选中该行。

● 选择一列：将鼠标光标移到该列顶端的边框上，当鼠标光标变成一个向下的黑色实心箭头 ↓ 时，单击鼠标，即可选中该列。在按住 Alt 键的同时单击该列中的任意位置，则整个列也被选中。

● 选择多行（列）：先选定一行（列），然后按住 Shift 键单击另外的行（列），则可将连续的多行（列）同时选中。如果先选定一行（列），然后按住 Ctrl 键单击另外的行（列），则可将不连续的多行（列）同时选中。

● 单击表格左上角的 ⊞ 标记：可以选中整个表格，或者在按住 Alt 键的同时双击表格中的任意位置也可选中整个表格。

对于计算机的操作并不十分熟练的用户，可以利用命令来选中表格中的内容。首先将插入点定位在表格中，单击布局选项卡表组中的选择按钮，打开一个下拉列表，如图 3-38 所示。用户可以在列表中进行选择：

图 3-38　选择下拉列表

● 选择单元格选项，则选中插入点所在的单元格。

● 选择行（或列），则选中光标所在单元格的整行（整列）。

● 选择表格，则选中整个表格。

∷ 动手做 2　自由绘制表格

Word 2010 提供了用鼠标绘制任意不规则的自由表格的强大功能，单击插入选项卡表格组中的表格按钮，在打开的下拉列表中选择绘制表格选项，当鼠标指针变成 ✎ 形状时，在文档窗口按住鼠标左键不放并进行拖动，即可画出表格的边框线。单击设计选项卡绘图边框组中的擦除按钮 ▣，这时鼠标指针变成 ✐ 形状。按住鼠标左键并拖动经过要删除的线，则可以删除表格的框线。

∷ 动手做 3　文字转换为表格

如果以前用户输入过和表格内容类似的信息，现在可以直接把文本变成表格，这样可以减

Word 2010 案例教程

少重复输入，提高工作效率。

将文本内容转换为表格的具体步骤如下：

01 在需要转换文本的适当位置添加统一的分隔符。单击开始选项卡段落组中的显示/隐藏编辑标记按钮，可以查看文本中是否包含适当的分隔符。选中需要转换为表格的文本，如图 3-39 所示。

02 在插入选项卡的表格组中单击表格按钮，在下拉列表中选择文本转换成表格选项，打开将文字转换成表格对话框，如图 3-40 所示。

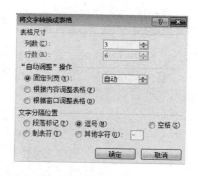

图 3-39　为文本添加分隔符并选中文本　　　　图 3-40　将文字转换成表格对话框

03 在列数文本框中显示出系统辨认的列数，用户也可以在列数文本框中选择或输入所需的列数。

04 在行数文本框中显示的是表格中将要包含的行数。

05 在自动调整操作区域中设置适当的列宽。

06 在文字分隔位置区域中选择确定列的分隔符。

07 单击确定按钮，选中的文本将自动转换为一个表格，如图 3-41 所示。

国内部分城市区号及邮政编码		
城市名	区号	邮编
北京	010	100000
太原	0351	030000
沈阳	024	110000
苏州	0512	215000
杭州	0571	310000

图 3-41　文本转换为表格后的效果

提示

在将文本转换为表格时，行数文本框是不可用的。此时的行数由选择内容中所含的分隔符数和选定的列数决定。

动手做 4　表格转换为文本

将表格转换为文本的具体步骤如下：

01 将插入点定位在表格中的任意单元格中。

02 在布局选项卡数据组中单击表格转换成文本按钮，打开表格转换成文本对话框，如图 3-42 所示。

03 在文字分隔符区域选中一种文字分隔符，例如这里选择制表位。

04 单击确定按钮，表格即可转化为普通的文本，其效果如图 3-43 所示。

图 3-42 表格转换成文本对话框

图 3-43 表格转换为文本的效果

国内部分城市区号及邮政编码

城市名	→	区号	→	邮编
北京	→	010	→	10000
太原	→	0351	→	03000
沈阳	→	024	→	11000
苏州	→	0512	→	21500
杭州	→	0571	→	31000

✥ 动手做 5 拆分单元格

拆分单元格最简单的方法是使用表格工具的设计选项卡中的绘制表格按钮在单元格中画出边线，鼠标将变成铅笔形状，在单元格中拖动铅笔形状的鼠标时，被鼠标拖过的地方将出现边线。在拆分单元格时如果情况比较复杂可以使用拆分单元格命令对要拆分的单元格进行设置。

拆分单元格的具体操作步骤如下：

01 将鼠标指针定位在要拆分的单元格中。

02 单击布局选项卡合并组中的拆分单元格按钮，打开拆分单元格对话框，如图 3-44 所示。

03 在列数文本框中选择或输入要拆分的列数，在行数文本框中选择或输入要拆分的行数，单击确定按钮，即可完成拆分单元格的操作。

图 3-44 拆分单元格对话框

✥ 动手做 6 拆分表格

有时用户需要将一个大表格拆分为两个表格，拆分表格的具体操作步骤如下：

01 将插入点定位在将成为第二个表格首行的那一行中。

02 单击布局选项卡合并组中的拆分表格按钮即可将表格拆分为两个表格。

如果将插入点定位在表格的第一行，进行拆分表格的操作时会在表格的上方插入一个空行。

✥ 动手做 7 移动或复制单元格

在单元格中移动或复制文本与在表格以外的文档中的操作基本相同，仍然可以利用鼠标拖动、使用功能区的命令或快捷键等方法进行移动或复制。

选择单元格中的内容时，如果选中的内容不包括单元格结束符，则只是将选中单元格中的内容移动或复制到目标单元格内，并不覆盖原有文本。如果选中的内容包括单元格结束标记，则将替换目标单元格中原有的文本和格式。

移动或复制单元格的具体操作步骤如下：

01 选定要移动或复制的单元格，包括单元格的结束符。

02 在开始选项卡的剪贴板组中单击剪切按钮，或者单击复制按钮，把选定的内容暂时存放在剪贴板中。

03 将插入点定位到目标单元格中。

04 在开始选项卡的剪贴板组中单击粘贴按钮，此时 Word 就把存放在剪贴板中的内容粘贴到指定的位置，并且替换目标单元格中已经存在的内容。

动手做 8　移动或复制行（列）

在复制或移动整行（列）内容时目标行（列）的内容则不会被替换，被移动或复制的行（列）将会插入到目标行（列）的上方（左侧）。

移动或复制行（列）的具体操作步骤如下：

01 选中要移动的行（列）。

02 在开始选项卡的剪贴板组中单击剪切按钮，或者单击复制按钮，把选定的内容暂时存放在剪贴板中。

03 将插入点定位到目标位置行的第一个单元格中。

04 在开始选项卡的剪贴板组中单击粘贴按钮，此时被移动或复制的行（列）将会插入到目标行（列）的上方（左侧）。

动手做 9　设置单元格中文字的方向

默认状态下，表格中的文本都是横向排列的，在特殊情况下用户可以更改表格中文字的排列方向。设置单元格中文字方向的具体操作步骤如下：

01 选中要设置文字方向的单元格。

02 在布局选项卡的对齐方式组中单击文字方向按钮，单元格中的文字即可竖排。

动手做 10　插入单元格

在表格中不但可以插入行或列，还可以插入单元格。在布局选项卡下单击行和列组右侧的对话框启动器，打开插入单元格对话框，如图 3-45 所示。

对话框中各选项功能如下：

- 选择活动单元格右移选项，即可在插入点处插入新的单元格，此时表格的列不会增加，表格有可能变得参差不齐，如图 3-46 所示。

图 3-45　插入单元格对话框

国内部分城市区号及邮政编码

城市名	区号	邮编	
北京	010	100000	
太原		0351	030000
沈阳	024	110000	
苏州	0512	215000	
杭州	0571	310000	

图 3-46　活动单元格右移效果

- 选择活动单元格下移选项，即可在插入点处插入新单元格，当前单元格下移，此时表格会增加一行，如图 3-47 所示。

国内部分城市区号及邮政编码

城市名	区号	邮编
北京	010	100000
太原		030000
沈阳	0351	110000
苏州	024	215000
杭州	0512	310000
	0571	

图 3-47　活动单元格下移效果

- 选择整行插入选项，即可在插入点处插入新的一行。
- 选择整列插入选项，即可在插入点处插入新的一列。

动手做 11　删除单元格

在表格中不但可以删除多余的行或列，而且还可以删除单元格。在布局选项卡行和列组中

图 3-48　删除单元格对话框

单击删除按钮，在删除列表中选择删除单元格选项，打开删除单元格对话框，如图 3-48 所示。

对话框中各选项的功能如下：

- 选择右侧单元格左移选项，即可将当前单元格删除，右侧的单元格填充当前单元格的位置。此时表格的列不会减少，表格可能会变得参差不齐，如图 3-49 所示。

国内部分城市区号及邮政编码

城市名	区号	邮编	
北京	010	100000	
太原	030000		
沈阳	024	110000	
苏州	0512	215000	
杭州	0571	310000	

图 3-49　右侧单元格左移效果

- 选择下方单元格上移选项，即可将当前单元格删除，下方的单元格填充当前单元格的位置，此时表格的行不会减少，如图 3-50 所示。

国内部分城市区号及邮政编码

城市名	区号	邮编	
北京	010	100000	
太原	024	030000	
沈阳	0512	110000	
苏州	0571	215000	
杭州		310000	

图 3-50　下方单元格上移效果

- 选择删除整行选项，即可将当前单元格所在的行删除。
- 选择删除整列选项，即可将当前单元格所在的列删除。

动手做 12　自动调整行高与列宽

Word 2010 提供了自动调整行高和列宽的功能，用户可以利用该功能方便地调整表格的行高和列宽。首先将插入点定位在表格中，在布局选项卡单元格大小组中单击自动调整按钮，如图 3-51 所示。

子菜单中各命令的功能如下：

- 选择根据内容自动调整表格选项，则表格按每列的文本内容重新调整列宽，调整后的表格看上去更加整洁、紧凑。
- 选择根据窗口自动调整表格选项，则表格中每列的宽度将按照相同的比例扩大，调整后的表格宽度与正文区宽度相同。
- 在单元格大小组中单击分布行按钮，则将整个表格或选中的行设置成相同的高度。

● 在单元格大小组中单击分布列按钮，则将整个表格或选中的列设置成相同的宽度。

动手做 13 调整单元格宽度

在表格中用户不但可以调整整列的宽度，还可以对个别单元格的宽度进行调整。

首先选中要调整列宽的单元格，然后利用鼠标拖动或在布局选项卡单元格大小组的表格列宽度文本框中直接输入数值，调整单元格宽度的效果如图 3-52 所示。

国内部分城市区号及邮政编码

城市名	区号		邮编
北京	010		100000
太原		0351	030000
沈阳	024		110000
苏州	0512		215000
杭州	0571		310000

图 3-51 自动调整列表   图 3-52 调整单元格宽度的效果

动手做 14 利用对话框调整行高或列宽

用户还可以利用表格属性对话框精确设置行高或列宽，具体操作步骤如下：

01 将插入点定位在要调整行高的行中。

02 单击布局选项卡单元格大小组右侧的对话框启动器按钮，打开表格属性对话框，单击行选项卡，如图 3-53 所示。

03 选中指定高度复选框，然后在文本框中选择或输入具体的数值。

04 单击上一行或下一行按钮，则可以继续对其他行进行设置。

05 设置完毕，单击确定按钮。

动手做 15 设置单元格的边距和间距

单元格边距指的是单元格中正文距离上下左右边框线的距离，如果单元格的边距设置为零，则正文会挨着边框线。单元格间距是指单元格与单元格之间的距离，单元格的默认间距为零。在一些特殊要求的表格中，用户可以为表格设置单元格边距和间距，具体操作步骤如下：

01 将插入点定位在表格中的任意位置。

02 单击布局选项卡对齐方式组中的单元格边距按钮，打开表格选项对话框，如图 3-54 所示。

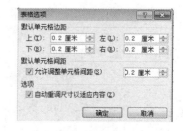

图 3-53 设置行高   图 3-54 表格选项对话框

03 在其中的上、下、左、右文本框中分别选择或输入要设置的单元格边距。

04 选中允许调整单元格间距复选框，然后在文本框中选择或输入具体的数值。

05 单击确定按钮，设置单元格边距和间距后的效果如图 3-55 所示。

国内部分城市区号及邮政编码

城市名	区号	邮编
北京	010	100000
太原	0351	030000
沈阳	024	110000
苏州	0512	215000
杭州	0571	310000

图 3-55　设置单元格边距和间距后的效果

动手做 16　绘制斜线表头

日常使用 Word 2010 插入表格的时候，经常需要绘制斜线的表头，Word 2003 等版本有内置的斜线表头选项，而 Word 2010 没有这个选项，下面简要介绍一下在 Word 2010 里绘制斜线表头的方法。

如果绘制的是一根斜线的表头，应首先把光标定位在需要斜线的单元格中，然后在设计选项卡表格样式组中单击边框按钮，在列表中选择斜下框线选项，如图 3-56 所示。

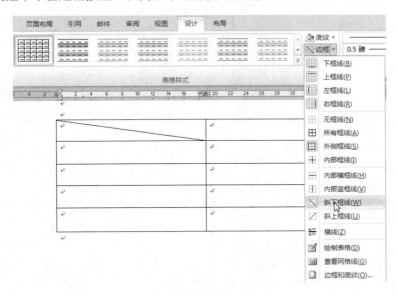

图 3-56　绘制单一斜线表头

如果要绘制多根斜线的话，这里就不能直接插入了，只能手动去画了，切换到插入选项卡，在插图组中单击形状按钮，在列表中单击斜线选项，此时鼠标指针变为十字状，在表头上拖动鼠标，根据需要画相应的斜线即可，如图 3-57 所示。

如果绘制的斜线颜色与表格不一致，需要调整一下斜线的颜色，保证一致协调，用鼠标单击刚画完的斜线，在格式选项卡形状样式组中单击形状轮廓按钮，然后在列表中选择需要的颜色，如图 3-57 所示。

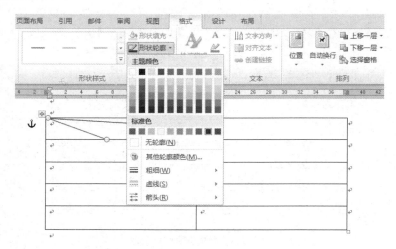

图 3-57 绘制多条斜线表头

在斜线表头中输入文字时，可以通过空格键与 Enter 键将鼠标移动到合适的位置即可进行输入，也可以利用文本框输入。

课后练习与指导

一、选择题

1. 下列关于插入行或列的说法正确的是（ ）。

 A．在"插入"选项卡的"表格"组中可以设置插入行或列

 B．利用 Enter 键可以插入行

 C．利用 Tab 键可以插入列

 D．利用 Tab 键可以插入行

2. 将鼠标光标定位在某个单元格后，用户可以执行的删除操作是（ ）。

 A．用户可以删除该单元格所在的行   B．用户可以删除该单元格所在的列

 C．用户可以删除当前单元格   D．用户可以删除整个表格

3. 单击"布局"选项卡（ ）组右侧的对话框启动器按钮，打开"表格属性"对话框。

 A．单元格大小   B．行和列   C．表格   D．表

4. 下列关于设置边框和底纹的说法正确的是（ ）。

 A．在设置边框时用户可以为表格的不同部位设置不同的样式和粗细的边框

 B．用户可以利用"设计"选项卡下的"边框"按钮为边框设置颜色

 C．用户可以为表格设置单纯的颜色底纹

 D．用户可以为表格设置带图案的底纹

5. 在表格中不属于"自动调整"操作中的选项是（ ）。

 A．根据内容调整表格   B．根据窗口调整表格

 C．固定列宽   D．根据表格调整内容

6. 在利用拖动鼠标调整列宽时按住（ ）键，则边框右侧的各列宽度发生均匀变化，整

个表格宽度不变。

    A．Ctrl   B．Shift   C．Alt   D．Tab

7．下列关于表格和文本相互转换的说法正确的是（   ）。

    A．将文本转换为表格时，必须在文本的适当位置添加制表位

    B．将表格转换为文本后，以制表位作为分隔符

    C．在"布局"选项卡的"数据"组中可以执行将表格转换成文本的操作

    D．在"布局"选项卡的"数据"组中可以执行将文本转换成表格的操作

8．下列说法错误的是（   ）。

    A．在复制或移动整行（列）内容时目标行（列）的内容会被替换

    B．在复制或移动单元格时目标单元格中的内容会被替换

    C．用户可以只调整某一个单元格的宽度而不必调整整列的宽度

    D．在表格中用户不但可以插入行或列，还可以只插入一个单元格

二、填空题

1．单击"插入"选项卡_____组的"表格"按钮，在下拉列表中选择_____选项，打开"插入表格"对话框。

2．单击"布局"选项卡_____组中的_____按钮，则选中的单元格被合并为一个单元格。

3．在"布局"选项卡_____组中用户可以设置单元格的对齐格式。

4．单元格默认的对齐方式为_____，即单元格中的内容以单元格的上边线为基准向左对齐。

5．在 Word 中不同的行可以有不同的高度，但同一行中的所有单元格都必须_____，同一列中各单元格的列宽_____。

6．单击_____选项卡_____组中的_____按钮，打开"拆分单元格"对话框。

7．单击_____选项卡_____组中的_____按钮，打开"表格选项"对话框。

8．单击_____选项卡_____组右侧的对话框启动器按钮，打开"插入单元格"对话框。

三、简答题

1．选定行或列的方法有哪些？

2．在文档中创建表格的方法有哪些？

3．如何拆分单元格？

4．怎样将文本转换为表格？

5．如何调整单元格的宽度？

6．为表格的单元格设置边距和间距时应如何操作？

7．在表格中绘制斜线表头的方法有哪些？

8．在单元格中如何实现文字的竖排？

四、实践题

制作如图 3-58 所示的会议议程表。

1．在文档中插入一个 20 行 2 列的表格。

2．将第 1、3、13 行单元格合并。

3．按图 3-58 所示输入相应文本。

会议议程表

2014 年 5 月 19 日，星期一	
晚上 7:00 至晚上 9:00	登记注册
2014 年 5 月 20 日，星期二	
上午 7:30 至上午 8:00	中式早点
上午 8:00 至上午 10:00	开幕式 主题演讲: <下一代网络技术的发展动态>—赵浩
上午 10:00 至上午 10:30	休息
上午 10:30 至中午 12:00	专题演讲<市场和销售>
中午 12:00 至下午 1:30	午餐
下午 1:30 至下午 3:00	专题演讲<激烈的市场竞争>
下午 3:00 至下午 3:15	休息
下午 3:15 至下午 4:45	专题演讲<质量保证体系>
晚上 6:00 至晚上 8:00	晚餐和娱乐活动
2014 年 5 月 21 日，星期三	
上午 7:30 至上午 8:00	中式早点
上午 8:00 至上午 10:00	主题演讲: <提供出口产品>—王至
上午 10:00 至上午 10:30	休息
上午 10:30 至中午 12:00	专题演讲<如何调动员工的积极性>
中午 12:00 至下午 1:30	午餐
下午 1:30 至下午 3:00	专题演讲<经受市场风浪的考验>
下午 4:00 至下午 5:30	闭幕式

图 3-58　会议议程表

4．设置第 1、3、13 行文本字体为"黑体"，字号为"小四"；其他行文本字体为"宋体"，字号为"五号"。

5．设置第 1、3、13 行对齐格式为水平居中，其余行的对齐格式为中部两端对齐。

6．设置第 5 行的行高为"1.5 厘米"，第 15 行的行高为"1 厘米"，其余行的行高为"0.5 厘米"。

7．设置第 1、3、13 行底纹为"深蓝色，文字 2，淡色 60%"。

8．按图 3-58 所示设置第 1、3、13 行以及最后一行的下边框为 1.5 磅的实线；设置三条竖线为 1.5 磅的虚线，设置内部的其他横线为 1 磅的点画线。

效果图位置：案例与素材\模块 03\源文件\会议议程表。

你知道吗？

图文结合只有克服文档形式单一的不足，增加文档的可读性，才能引人入胜。Word 2010 可以把图形对象与文字对象结合在一个版面上，实现图文混排，轻松地设计出图文并茂的文档。在文档中使用图文混排可以增强文章的说服力，并且使整个文档的版面显得美观大方。

应用场景

人们平常所见到的公司宣传页、贺卡等文档，如图 4-1 所示，这些都可以利用 Word 2010 软件的图文混排功能来制作。

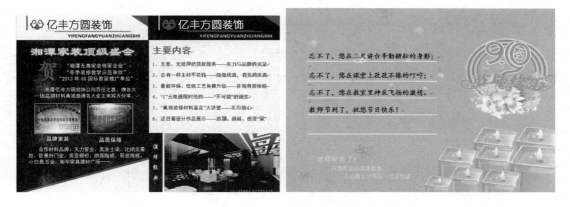

图 4-1　公司宣传页和贺卡

在日常生活中，商家为了吸引顾客经常会搞一些促销活动。一份精美的促销宣传单可以对商家促销活动起到宣传和推广作用，同时宣传单也是顾客获取商家活动动态的来源。

如图 4-2 所示，就是利用 Word 2010 图文混排的功能制作的商品促销宣传单。请读者根据本模块所介绍的知识和技能完成这一工作任务。

相关文件模板

利用 Word 2010 软件的图文混排功能，还可以完成奖状、名片、礼券、别墅转让、日历、元旦贺卡、教师节贺卡、圣诞贺卡、公司宣传单、篮球赛海报、产品宣传单、降价宣传单等工作任务。

为了方便读者，本书在配套的资料包中提供了部分常用的文件模板，具体文件路径如图 4-3 所示。

图 4-2　公司宣传单效果　　　　图 4-3　应用文件模板

背景知识

宣传单分为两大类：一类的主要作用是推销产品、发布一些商业信息或寻人启事等；另一类是义务宣传，例如宣传人们义务献血等。本章讨论的是一个促销活动宣传单。

一张好的促销宣传单能吸引人的眼球，而且让人在最短的时间内知道活动的内容、时间、地点。另外，促销宣传单应具有鼓动性，能够激起人们的购买热情。

设计思路

在促销宣传单的设计过程中，由于促销宣传单所用的纸张不是普通的纸张，因此应首先对纸张的大小进行设置，然后利用图片、艺术字及文本框对产品促销宣传单进行设计。制作促销宣传单的关键步骤可分解为：

01　设置纸张大小。
02　设置页面颜色。
03　应用图片。
04　应用艺术字。
05　应用文本框。

项目任务 4-1　设置纸张大小

在基于模板创建一篇文档后，系统将会默认给出纸张大小、页面边距、纸张的方向等。如果用户制作的文档对页面有特殊的要求或者需要打印，用户就需要对页面重新进行设置。

Word 2010 提供了多种预定义的纸张，系统默认的是"A4"纸，可以根据需要选择纸张的大小，还可以自定义纸张的大小。设置宣传单纸张大小的具体操作步骤如下：

01 创建一个新的文档。

02 在页面布局选项卡的页面设置组中单击纸张大小按钮，打开纸张大小下拉列表，如图 4-4 所示。

03 在纸张大小下拉列表中选择正规（8.5×14 英寸）。

04 保存文档，文件名为"促销宣传单"，文档保存在"案例与素材\模块 04 \源文件"文件夹中。

教你一招

　　如果在纸张大小下拉列表中选择其他页面大小命令，或单击页面设置右下角的对话框启动器按钮，则打开页面设置对话框。单击纸张选项卡，在纸张大小列表中也可以设置纸张大小，如图 4-5 所示。

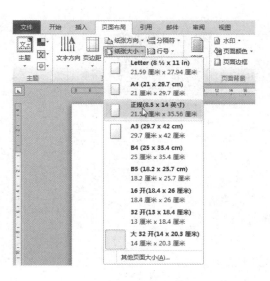

图 4-4　纸张大小下拉列表

图 4-5　页面设置对话框

项目任务 4-2　设置页面颜色

　　用户在制作一些有特殊要求的文档时可以对文档的页面背景进行设置，如设置页面颜色、水印等。

　　这里为促销宣传单设置页面颜色，具体操作步骤如下：

01 单击页面布局选项卡，在页面背景组中单击页面颜色，打开页面颜色下拉列表，如图 4-6 所示。

02 单击填充效果选项，打开填充效果对话框，单击渐变选项卡。

03 在颜色区域选择双色，单击颜色 1（1）列表框，打开颜色列表，如图 4-7 所示。

04 在下拉列表中选择其他颜色，打开颜色对话框，如图 4-8 所示。在对话框中选择自定义选项卡，在颜色模式列表中选择 RGB，RGB 的值分别选择 255、70、70。

05 设置完毕，单击确定按钮，返回填充效果对话框。

Word 2010 案例教程

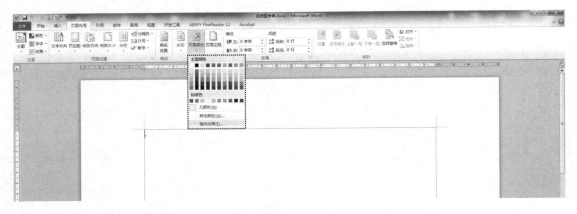

图 4-6　页面颜色下拉列表

图 4-7　填充效果对话框中的颜色列表

图 4-8　颜色对话框

06 单击颜色 2（2）列表框，打开颜色列表，在列表中选择标准色区域的黄色。

07 在底纹样式区域选择水平，在变形区域选择第一种形状。

08 单击确定按钮，则页面颜色变为双色渐变，如图 4-9 所示。

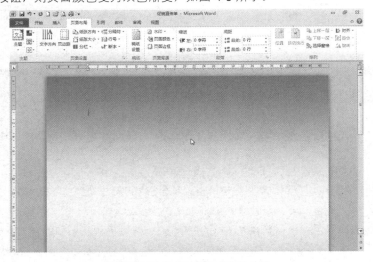

图 4-9　页面设置为双色渐变的效果

78

Word 的图文混排艺术——制作商品促销宣传单 **04** 模 块

项目任务 4-3 ▶ 在文档中应用图片

在文档中添加图片，可以使文档更加美观大方。Word 2010 是一套图文并茂、功能强大的图文混排系统，它允许用户在文档中导入多种格式的图片文件，并且可以对图片进行编辑和格式化。

⠿ 动手做 1 插入图片

用户可以很方便地在 Word 2010 中插入图片，图片可以是一张剪贴画、照片或图画。在 Word 2010 中可以插入多种格式的外部图片，比如*.bmp、*.pcx、*.tif 和*.pic 等。

在促销宣传单中插入图片的具体操作步骤如下：

01 将插入点定位在文档中要插入图片的位置。

02 单击插入选项卡插图组中的图片按钮，打开插入图片对话框，如图 4-10 所示。

03 在对话框中找到要插入图片所在的位置，然后选中要插入的图片文件。

04 单击插入按钮，被选中的图片插入到文档中，如图 4-11 所示。

图 4-10 插入图片对话框   图 4-11 插入图片的效果

提示

图片插入在文档中的位置有两种：嵌入型和浮动型。嵌入型图片直接放置在文本中的插入点处，占据了文本处的位置；浮动型图片可以插入在图形层，可在页面上自由地移动，并可将其放在文本或其他对象的上面或下面。在默认情况下，Word 2010 插入的图片为嵌入型，而插入的图形是浮动型。

⠿ 动手做 2 设置图片版式

用户可以通过 Word 2010 的版式设置功能，将图片置于文档中的任何位置，并且还可以设置不同的环绕方式得到各种环绕效果。

这里将宣传单的图片设置为衬于文字下方，具体操作步骤如下：

01 在图片上单击鼠标选中图片。

02 单击格式选项卡排列组中的自动换行按钮，打开一个下拉列表，如图 4-12 所示。

03 在列表中选中衬于文字下方选项。

79

图 4-12 设置图片版式

Word 2010 中常用的环绕方式有 7 种，默认的是嵌入型。

- 嵌入型：图片的默认插入方式，图片嵌入在文本中，可将图片作为普通文字处理。
- 四周型环绕：文本排列在图片的四周，如果图片的边界是不规则的，则文字会按一个规则的矩形边界排列在图片的四周。这种版式可以利用鼠标拖动将图片放到任何位置。
- 紧密型环绕：和四周型环绕类似，但如果图片的边界是不规则的，则文字会紧密地排列在图片的周围。
- 上下型环绕：文本分布在图片的上、下方，图片的左右两端无文本。
- 穿越型环绕：和紧密型环绕类似，文字会紧密地排列在图片的周围。
- 衬于文字下方：图片衬于文本的底部，此时把鼠标放在文本空白处，在显示图片的地方也可拖动鼠标移动图片的位置。
- 浮于文字上方：图片浮在文本上方，此时被图片覆盖的文字是不可视的，用鼠标可以把图片拖放在任意位置。

教你一招 ● ● ●

　　在自动换行下拉列表中如果单击其他布局选项则打开布局对话框，如图 4-13 所示。在布局对话框的位置选项卡中可以设置图片的详细位置，在文字环绕选项卡中可以设置文字的环绕方式。

⁛ 动手做 3　调整图片位置

　　同样，如果插入图片的位置不合适也会使文档的版面显得不美观，用户可以对图片的位置进行调整。

　　例如，对宣传单中图片的位置进行适当的调整，具体操作步骤如下：

01 将鼠标光标移至图片上，当鼠标光标变成 ⬚ 状时，按下鼠标左键并进行拖动。

02 到达合适的位置时松开鼠标，调整图片位置后的效果如图 4-14 所示。

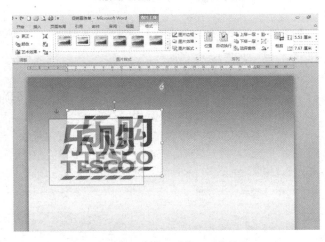

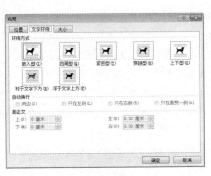

图 4-13　布局对话框　　　　　　　　　　　　图 4-14　调整图片位置后的效果

※ 动手做 4　调整图片大小

在插入图片时如果图片的大小合适，可以显著地提高文档质量，但如果图片的大小不合适不但不会美化文档，还会使文档变得混乱。

如果文档中对图片的大小要求并不是很精确，可以利用鼠标快速地进行调整。选中图片后在图片的四周将出现 8 个控制点，如果需要调整图片的高度，可以移动鼠标光标到图片上或下边的控制点上，当鼠标光标变成 ↕ 状时向上或向下拖动鼠标即可调整图片的高度；如果需要调整图片的宽度，将鼠标光标移动到图片左或右边的控制点上，当鼠标指针变成 ↔ 状时向左或向右拖动鼠标即可调整图片的宽度；如果要整体缩放图片，移动鼠标光标到图片右下角的控制点上，当鼠标光标变成 ↘ 状时，拖动鼠标即可整体缩放图片。

例如，要对宣传单中的图片进行整体缩小，具体操作步骤如下：

01 用鼠标左键单击图片，选中图片。

02 移动鼠标光标到图片右下角的控制点上，当鼠标光标变成 ↘ 状时，按下鼠标左键并向内拖动鼠标，此时会出现一个虚线框，表示调整图片后的大小。

03 当虚线框到达合适位置时松开鼠标即可，如图 4-15 所示。

图 4-15　调整图片大小

教你一招

　　在实际操作中如果需要对图片的大小进行精确的调整，可以在格式选项卡的大小组中进行设置，如图4-16所示。用户还可以单击大小组右侧的对话框启动器按钮，打开布局对话框的大小选项卡，如图4-17所示。在对话框中更改图片大小的方法有两种。一种方法是在高度和宽度选项区域中直接输入图片的高度和宽度的确切数值。另外一种方法是在缩放区域中输入高度和宽度相对于原始尺寸的百分比；如果选中锁定纵横比复选框，则Word 2010将限制所选图片高与宽的比例，以便使高度与宽度相互保持原始的比例。此时如果更改对象的高度，则宽度也会根据相应的比例进行自动调整；反之亦然。

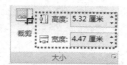

图4-16　直接设置图片大小

图4-17　布局对话框的大小选项卡

动手做5　设置图片的样式和效果

　　在Word 2010中加强了对图片的处理功能，在插入图片后用户还可以设置图片的样式和图片效果。

　　例如，对宣传单中的图片设置样式和图片效果，具体操作步骤如下：

01 选中图片，在格式选项卡的图片样式组中单击图片样式列表后的下三角箭头，打开图片外观样式列表，如图4-18所示。

02 在列表中选择一种样式，如选择棱台矩形选项，则图片的样式变为如图4-18所示的效果。

03 在格式选项卡的图片样式组中单击图片效果按钮，打开图片效果列表，在列表中用户可以选择图片的效果。如在三维旋转效果中选择平行区域的第二行第二列旋转效果，则图片的效果变为如图4-19所示。

04 在格式选项卡的调整组中单击颜色按钮，打开图片颜色列表，在列表中用户可以对图片的颜色进行调整。如在色调区域中选择色温11200K效果，则图片的颜色变为如图4-20所示的效果。

05 在格式选项卡的调整组中单击艺术效果按钮，打开艺术效果列表，在列表中用户可以对图片的艺术效果进行设置。如选择胶片颗粒效果，则图片变为如图4-21所示的效果。

图 4-18　设置图片样式

图 4-19　设置图片的旋转效果

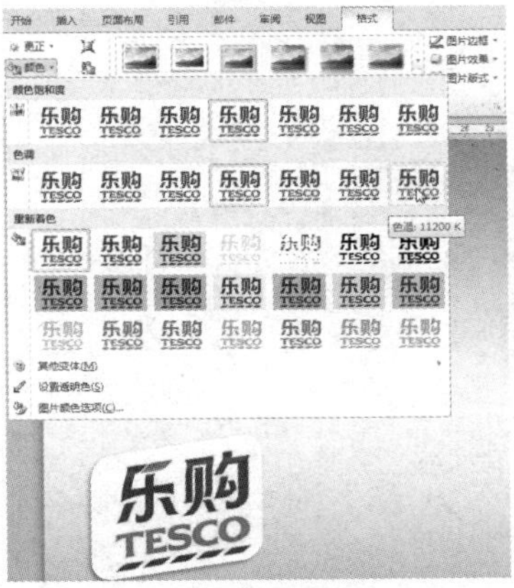

图 4-20　设置图片的颜色

图 4-21　设置图片的艺术效果

 教你一招

在设置图片效果时用户还可以在设置图片格式对话框中进行具体的设置。在格式选项卡中单击图片样式组右下角的对话框启动器按钮，打开设置图片格式对话框，如图 4-22 所示。在对话框的左侧选择一个图片效果，则在右侧可以对该效果进行详细的设置。如选择三维旋转，则在右侧可以对旋转的角度、对象位置等效果进行更具体的设置。

图 4-22　设置图片格式对话框

项目任务 4-4 在文档中应用艺术字

通过对字符的格式设置，可将字符设置为多种字体，但远远不能满足文字处理工作中对字形艺术性的设计需求。使用 Word 2010 提供的艺术字功能，可以创建出各式各样的艺术字效果。

※ 动手做 1 创建艺术字

为了使宣传单更具艺术性，可以在宣传单中插入艺术字，具体操作步骤如下：

01 单击插入选项卡文本组中的艺术字按钮，打开艺术字样式下拉列表，如图 4-23 所示。

图 4-23 艺术字样式下拉列表

02 在艺术字样式下拉列表中单击第一行第一列艺术字样式后，在文档中会出现一个请在此放置您的文字编辑框，如图 4-24 所示。

03 在编辑框中输入文字真情回馈 大庆十天。

04 用鼠标拖动选中输入的文字，切换到开始选项卡，然后在字体下拉列表中选择隶书，在字号下拉列表中选择 36 号，插入艺术字的效果如图 4-25 所示。

图 4-24 请在此放置您的文字编辑框

图 4-25 插入艺术字的效果

※ 动手做 2 调整艺术字位置

由图 4-25 可以看出，艺术字在促销宣传单中的位置不够理想，因此需要调整它的位置使之符合要求。由于在插入艺术字的同时也插入了艺术字编辑框，因此调整艺术字编辑框的位置即可调整艺术字的位置。

调整艺术字位置的具体操作步骤如下：

01 在艺术字上单击鼠标，则显示出艺术字编辑框。

02 将鼠标光标移动至艺术字编辑框边框上，当鼠标光标为 ✛ 状时，按住鼠标左键移动艺术字编辑框。

03 移动文本框到合适位置后，松开鼠标左键，移动艺术字的效果如图 4-26 所示。

图 4-26　艺术字被调整位置后的效果

提示

　　默认情况下，插入的艺术字是浮于文字上方的版式，因此用户可以自由移动艺术字的位置。用户可以根据需要调整艺术字的版式，单击格式选项卡排列组中的自动换行按钮，打开自动换行下拉列表，在下拉列表中选择一种自己需要的版式即可，如图 4-27 所示。

⁑ 动手做 3　设置艺术字填充颜色和轮廓

　　在插入艺术字后，用户还可以对插入艺术字的填充颜色和轮廓进行设置，具体操作步骤如下：

01 选中艺术字编辑框中的艺术字，切换到格式选项卡。

02 单击艺术字样式组中文本填充按钮右侧的下三角箭头，打开一个下拉列表。在下拉列表中选择标准色区域的蓝色，如图 4-28 所示。

03 单击艺术字样式组中文本轮廓按钮右侧的下三角箭头，打开一个下拉列表。在下拉列表中选择无轮廓，如图 4-29 所示。

⁑ 动手做 4　设置艺术字转换和阴影效果

　　用户可以对艺术字的转换和阴影效果进行设置，具体操作步骤如下：

01 选中艺术字编辑框中的艺术字，切换到格式选项卡。

02 单击艺术字样式组中的文字效果按钮，打开一个下拉列表。在下拉列表中选择转换，然后在弯曲区域选择左远右近，如图 4-30 所示。

03 单击艺术字样式组中文字效果按钮右侧的下三角箭头，打开一个下拉列表。在下拉列表中选择阴影，然后在外部区域中选择右上偏移，如图 4-31 所示。

图 4-27　选择艺术字的版式

图 4-28　设置艺术字填充颜色

图 4-29　设置艺术字轮廓

图 4-30　设置艺术字转换效果

图 4-31　设置艺术字阴影效果

⁂ 动手做 5　设置艺术字发光和棱台效果

设置艺术字发光和棱台效果的具体操作步骤如下：

01　将鼠标光标定位在文档中，单击插入选项卡文本组中的艺术字按钮，打开艺术字样式下拉列表，在列表中单击第六行第三列艺术字样式后，在文档中会出现一个请在此放置您的文字编辑框。

02　在编辑框中输入文字周年庆典 极度震撼。用鼠标拖动选中输入的文字，切换到开始选项卡，然后在字体下拉列表中选择微软雅黑，在字号下拉列表中选择 48 号。

03　利用鼠标拖动插入的艺术字到合适的位置。

04　单击艺术字样式组中文字效果按钮右侧的下三角箭头，打开一个下拉列表。在下拉列表中选择发光选项发光变体区域的第二列第四行选项，如图 4-32 所示。

05　在发光选项列表中选择发光选项，打开设置文本效果格式对话框，如图 4-33 所示。

06　在发光区域设置大小为 20 磅，透明度为 50%，设置完毕，单击关闭按钮。

07　单击艺术字样式组中文字效果按钮右侧的下三角箭头，打开一个下拉列表。在下拉列表中选择棱台选项中棱台中的冷色斜面选项，如图 4-34 所示。

图 4-32 设置发光效果

图 4-33 设置文本效果格式对话框

图 4-34 设置棱台效果

08 在棱台选项列表中选择三维选项，打开设置文本效果格式对话框。在轮廓线区域的颜色列表中选择黄色，如图 4-35 所示。

09 设置完毕，单击关闭按钮，设置艺术字的效果如图 4-36 所示。

图 4-35 设置三维格式

图 4-36 设置艺术字的效果

项目任务 4-5 应用文本框

灵活使用 Word 2010 中的文本框对象，可以将文字和其他各种图形、图片、表格等对象在页面中独立于正文放置并方便定位。可以利用文本框在宣传单中输入相关内容，实现文本与图片的混排。

⁂ 动手做 1　绘制文本框

根据文本框中文本的排列方向，可将文本框分为横排和竖排两种。在横排文本框中输入文本时，文本在到达文本框右边的框线时会自动换行，用户还可以对文本框中的内容进行编辑，如改变字体、字号大小等。

在促销宣传单中绘制文本框并输入文本，具体操作步骤如下：

01　单击插入选项卡文本组中的文本框按钮，在打开的下拉列表中单击绘制文本框选项，鼠标变成
十状，如图 4-37 所示。

02　按住鼠标左键拖动，绘制出一个大小合适的文本框，其效果如图 4-38 所示。

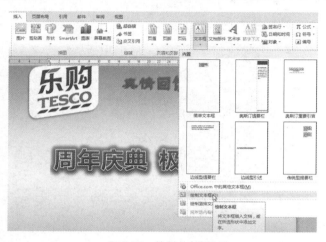

图 4-37　绘制文本框选项

图 4-38　绘制的文本框

⁂ 动手做 2　编辑文本框

用户可以在文本框中输入文本并对文本设置格式，还可以在文本框中插入图片。编辑文本框的具体操作步骤如下：

01　将插入点定位在文本框中，在插入选项卡的插入组中单击图片选项，打开插入图片对话框。

02　在对话框中找到要插入的图片，单击插入按钮，则图片被插入到文本框中。注意，图片在插入到文本框中后会自动缩放以适应文本框的大小。

03　在文本框的边线上单击鼠标选中文本框，将鼠标光标移动至文本框边框上，当鼠标呈 ⁑ 状时，按住鼠标左键拖动文本框到合适的位置。

04　移动鼠标光标到文本框右下角的控制点上，当鼠标光标变成 ⬊ 状时，按下鼠标左键并拖动鼠标，此时会出现一个虚线框，表示调整文本框的大小，适当调整文本框的大小，然后松开鼠标。

05　在文本框中的图片上单击鼠标选中图片，利用鼠标拖动适当调整图片的大小以适应改变大小的文本框，其效果如图 4-39 所示。

06　单击插入选项卡文本组中的文本框按钮，在打开的下拉列表中单击绘制文本框选项，然后拖动鼠标在文本框中图片的下方再绘制一个文本框。

07　在文本框中输入相应的文本。默认的字体为宋体，字号为五号。

08　切换到开始选项卡，设置字体为黑体，字号为小四，加粗，设置文本的效果如图 4-40 所示。

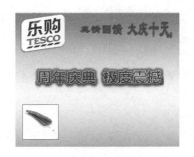

图 4-39　在文本框中插入图片　　　　　　图 4-40　在文本框中输入文本的效果

❖❖ 动手做 3　设置文本框格式

默认情况下，绘制的文本框带有边线，并且有白色的填充颜色。用户可以根据情况对文本框的格式进行设置。

设置文本框的具体操作步骤如下：

01 在大文本框的边线上单击鼠标将其选中，单击格式选项卡形状样式组中的形状轮廓按钮，打开一个下拉列表，如图 4-41 所示。

02 在标准色区域选择红色，在粗细的数值列表中选择 1.5 磅，如图 4-41 所示。

03 单击形状样式组中的形状效果按钮，打开一个下拉列表，如图 4-42 所示。

04 在发光选项的发光变体区域选择第四行第二列选项，如图 4-42 所示。

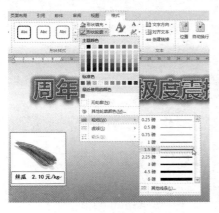

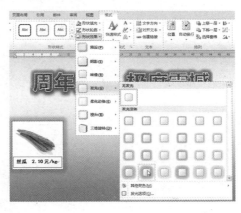

图 4-41　设置文本框形状轮廓　　　　　　图 4-42　设置文本框形状效果

05 选中大文本框中的小文本框，单击形状样式组中的形状样式列表右侧的下三角箭头，在列表中选择一种形状样式，效果如图 4-43 所示。

06 选中大文本框中的小文本框，单击形状样式组右侧对话框启动器按钮，打开设置形状格式对话框，如图 4-44 所示。

07 在对话框的左侧选择文本框选项，在右侧的内部边距区域的上文本框中选择或输入 0.2 厘米。

08 设置完毕，单击关闭按钮，设置文本框的最终效果如图 4-45 所示。

按照相同的方法继续为促销宣传单中的促销信息产品添加文本框，插入相应图片并输入相应文本。

在促销产品的下面插入一个艺术字，艺术字样式为第六行第三列，艺术字的转换效果为朝鲜鼓。在艺术字的下面绘制一个文本框并输入相应文本，设置文本框为无填充颜色，红色轮廓，发光效果。在宣传单的底端绘制一个文本框并输入相应文本，设置文本框为无填充颜色，无轮

廓。宣传单的最终效果如图 4-46 所示。

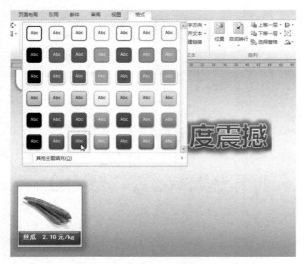

图 4-43　设置文本框的形状样式

图 4-44　设置形状格式对话框

图 4-45　设置文本框的最终效果

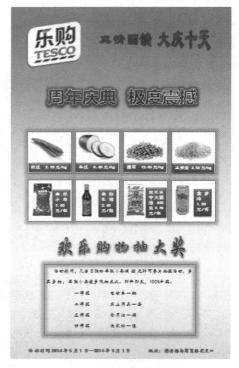

图 4-46　促销宣传单的最终效果

项目拓展——设计公司宣传页

在日常工作中，为了更好地宣传公司的形象，经常需要设计一些公司宣传页。宣传页作为一种代表公司形象的文档，一般应注意视觉冲击效果，以便突出主题，给受众留下深刻的印象，从而得到更好的宣传效果。在内容方面，公司宣传页一般应包括公司的概况介绍、业务范围和联系方式等，通常可以通过适当的插图来增强视觉冲击力，以提升宣传效果，但要注意处理好插图与文字内容的统一，力求简洁明了，生动大方。

如图 4-47 所示是利用 Word 2010 的图文混排功能制作的世纪之星商务酒店宣传页。

图 4-47 公司宣传页最终效果图

设计思路

在公司宣传页制作过程中，用户首先对文档的页面边距进行设置，然后对文档的内容进行编辑。制作公司宣传页的关键步骤可分解为：

01 设置页面边距。

02 插入图片。

03 插入艺术字。

04 设置文本效果。

05 设置图片版式。

≫ 动手做 1 设置页面边距

页边距是正文和页面边缘之间的距离，在页边距中存在页眉、页脚和页码等图形或文字，为文档设置合适的页边距可以使打印出的文档更美观。

为公司宣传页设置页边距的具体操作步骤如下：

01 创建一个新的文档。

02 单击页面布局选项卡页面设置组右下角的对话框启动器按钮，打开页面设置对话框，单击页边距选项卡，如图 4-48 所示。

03 在页边距区域的上、下、左、右文本框中分别选择或输入 2 厘米；在方向区域选择横向。

04 单击确定按钮。

教你一招

在设置页边距时用户可以在页面布局选项卡的页面设置组中单击页边距按钮,在列表中选择合适的页边距,如图 4-49 所示。如果选择自定义边距选项,则打开页面设置对话框。

图 4-48　设置页边距

图 4-49　页边距下拉列表

动手做 2　插入图片

在公司宣传页中插入图片的具体操作步骤如下:

01　将插入点定位在文档中。

02　单击插入选项卡插图组中的图片按钮,打开插入图片对话框,在对话框中找到要插入图片所在的位置,然后选中图片文件,单击插入按钮,被选中的图片插入到文档中,如图 4-50 所示。

03　在图片上单击鼠标将其选中。单击格式选项卡排列组中的自动换行按钮,打开一个下拉列表,在列表中选中衬于文字下方选项。

04　移动鼠标光标到图片右下角的控制点上,当鼠标变成 状时,按下鼠标左键并拖动鼠标,适当调整图片的大小。

05　将鼠标光标移至图片上,当鼠标光标变成 状时,按住鼠标左键并拖动鼠标,适当调整图片的位置,调整图片大小和位置后的效果如图 4-51 所示。

图 4-50　插入图片的效果

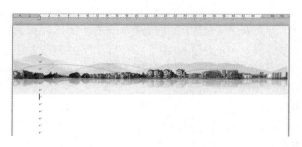

图 4-51　调整图片大小和位置的效果

❖ 动手做 3　插入艺术字

在公司宣传页中插入艺术字的具体操作步骤如下：

01　单击插入选项卡文本组中的艺术字按钮，打开艺术字样式下拉列表。

02　在艺术字样式下拉列表中单击第一行第一列艺术字样式后，在文档中会出现一个请在此放置您的文字编辑框，在编辑框中输入文字世纪之星商务酒店。

03　在艺术字上单击鼠标，显示出艺术字编辑框。将鼠标光标移动至艺术字编辑框边框上，当鼠标呈 ↖ 状时，按住鼠标左键移动艺术字到合适位置后，松开鼠标。

04　选中艺术字编辑框中的艺术字，切换到格式选项卡。

05　单击艺术字样式组中文本填充按钮右侧的下三角箭头，打开一个下拉列表。在下拉列表中选择渐变则打开渐变列表，如图 4-52 所示。

06　单击其他渐变选项，打开设置文本效果格式对话框，如图 4-53 所示。

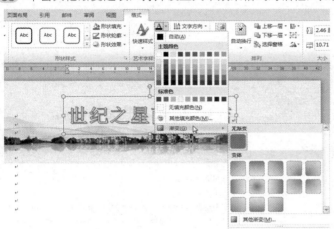

图 4-52　文本填充渐变列表

图 4-53　设置文本效果格式对话框

07　在文本填充区域选中渐变填充选项，在预设颜色列表中选择熊熊火焰，在类型列表中选择线性，在方向列表中选择线性向下，在角度文本框中选择或输入 90°。在渐变光圈区域选中第二个滑块（停止点 2），然后在位置文本框中选择或输入 20%。

08　在对话框左侧单击文本边框选项，然后在右侧选择无线条，单击关闭按钮，则艺术字的效果如图 4-54 所示。

❖ 动手做 4　设置文本效果

在宣传页图片的下方输入酒店的介绍和地理位置，如图 4-55 所示。

用户可以对文本设置一些类似艺术字的文本效果，具体操作步骤如下：

01　选中"地址"文本，单击开始选项卡字体组中的文本效果按钮，打开一个列表，在列表中选择第四行第二列的效果。

02　继续在文本效果列表中选择发光选项，然后在发光变体区域选择第四行第二列的发光效果，如图 4-56 所示。

03　选中设置了文本效果的"地址"文本，双击剪贴板组中的格式刷按钮。

04　用格式刷复制文本效果到"城市"、"电话"、"简介"文本上，效果如图 4-57 所示。

图 4-54　设置艺术字的效果

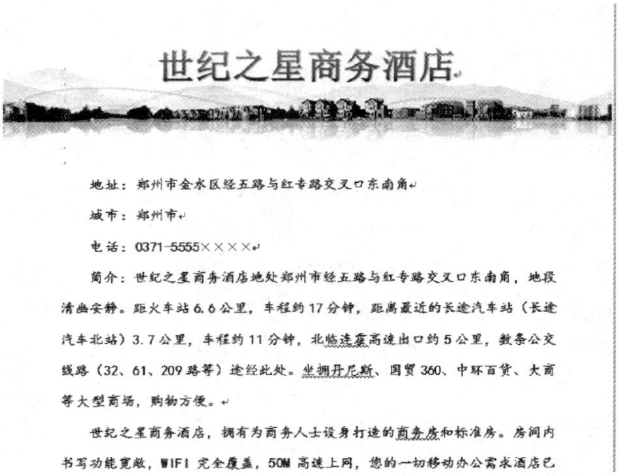

图 4-55　输入文本

图 4-56　设置文本效果

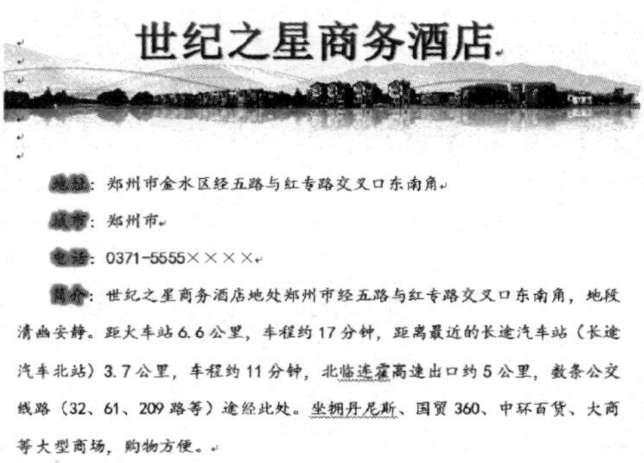

图 4-57　设置文本效果的最终效果

动手做 5　设置图片版式

在宣传页中插入图片并设置图片版式的具体操作步骤如下：

01　将插入点定位在文档中。

02　单击插入选项卡插图组中的图片按钮，打开插入图片对话框，在对话框中找到要插入图片所在的位置，然后选中图片文件，单击插入按钮，被选中的图片插入到文档中。

03　在图片上单击鼠标将图片选中。单击格式选项卡排列组中的自动换行按钮，打开一个下拉列表，在列表中选中紧密型环绕选项。

04　选中图片，单击格式选项卡图片样式组中的图片版式按钮，打开图片版式列表，在列表中选择蛇形图片题注列表，如图 4-58 所示。

05　选择图片版式后 Word 2010 会自动为图片添加一个题注文本框，并在题注文本框和图片的外面添加一个图形框。单击题注文本框区域的文本，然后直接输入文本酒店餐厅，如图 4-59 所示。

06　选中设置了版式的图片，此时会出现 SmartArt 工具和图片两个动态选项卡，如果只选中题注文本框或图片版式图形框，则只出现 SmartArt 工具动态选项卡。这里选中图片版式图形框，然后在 SmartArt 工具下选择设计选项卡，在 SmartArt 样式组中单击更改颜色按钮，打开更改颜色列表，在列表中选择强调文字颜色 2 中的第 3 个颜色，如图 4-60 所示。

07 在 SmartArt 样式组中单击 SmartArt 样式列表右侧的下三角箭头，打开 SmartArt 样式列表，在列表中选择三维区域的优雅选项，如图 4-61 所示。

图 4-58 选择图片版式

图 4-59 为图片添加题注

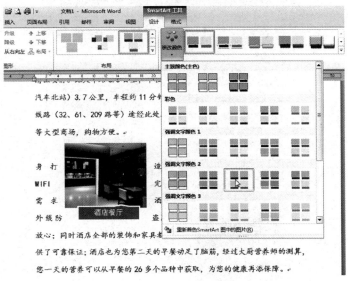

图 4-60 更改颜色

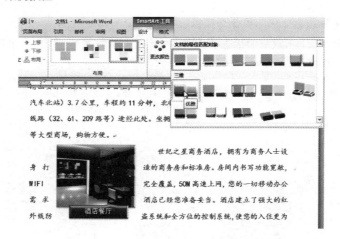

图 4-61　设置 SmartArt 样式

08 选中图形框，按住鼠标左键拖动图片到适当位置。

09 按照相同的方法再插入一张图片并设置图片的版式，最终效果如图 4-62 所示。

教你一招

　　在为图片添加题注时用户可以单击图形框左侧的按钮，打开在此处键入文字文本窗格，在窗格中可以输入题注文本，如图 4-63 所示。用户也可以单击设计选项卡创建图形组中的文本窗格按钮打开或关闭文本窗格。如果单击创建图形组中的添加形状按钮，则用户还可以在图形框中继续添加形状并插入图片。

图 4-62　在宣传页中设置图片版式的效果

图 4-63　在文本窗格中添加文本

知识拓展

通过前面的任务主要学习了图片、艺术字和文本框的应用等图文混排的操作，另外还有一些关于图文混排的常用操作在前面的任务中没有运用到，下面就介绍一下。

≫ 动手做 1　插入剪贴画

Word 2010 提供了一个功能强大的剪辑管理器，在剪辑管理器中的 **Office** 收藏集中收藏了多种系统自带的剪贴画，使用这些剪贴画可以活跃文档。收藏集中的剪贴画是以主题为单位进行组织的。例如，想使用 Word 2010 提供的与"自然"有关的剪贴画时可以选择自然主题。

在文档中插入剪贴画的具体操作步骤如下：

01　将插入点定位在要插入剪贴画的位置。

02　单击插入选项卡插图组中的剪贴画按钮，打开剪贴画任务窗格。

03　在剪贴画任务窗格搜索文字文本框中输入要插入剪贴画的主题，例如输入自然。在结果类型下拉列表中选择所要搜索的剪贴画的媒体类型。如果选中包括 Office.com 复选框，则可以在网上进行搜索。单击搜索按钮，出现如图 4-64 所示的任务窗格。

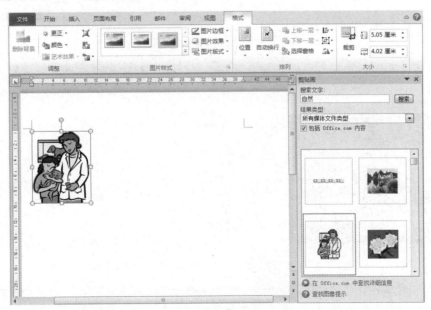

图 4-64　插入剪贴画

04 单击需要的剪贴画，即可将其插入到文档中。

∷∷ 动手做 2　裁剪图片

如果用户只需要图片中的某一部分而不是全部，在插入图片后，用户可以利用裁剪功能将图片中多余的部分裁剪掉，只保留用户需要的部分。裁剪通常用来隐藏或修整部分图片，以便进行强调或删除不需要的部分。裁剪功能经过增强后，现在可以轻松裁剪为特定形状、经过裁剪来适应或填充形状，或裁剪为通用图片纵横比。（纵横比指图片宽度与高度之比。重新调整图片尺寸时，该比值可保持不变。）

裁剪图片的具体操作步骤如下：

01 选中图片，在格式选项卡大小组中单击裁剪按钮，此时会在图片上显示 8 个尺寸控制点，如图 4-65 所示。

02 在裁剪时用户可以执行下列操作之一：

- 如果要裁剪某一侧，请将该侧的中心裁剪控点向里拖动。
- 如果要同时均匀地裁剪两侧，在按住 Ctrl 键的同时将任一侧的中心裁剪控点向里拖动。
- 如果要同时均匀地裁剪全部四侧，在按住 Ctrl 键的同时将一个角部裁剪控点向里拖动。
- 如果要放置裁剪，请移动裁剪区域（通过拖动裁剪方框的边缘）或图片。
- 若要向外裁剪（或在图片周围添加），请将裁剪控点拖离图片中心。

03 再次单击裁剪按钮，或按 Esc 键结束操作。

教你一招　● ● ●

如果要将图片裁剪为精确尺寸，首先选中图片，然后单击格式选项卡图片样式组右侧的对话框启动器按钮，打开设置图片格式对话框。在裁剪窗格图片位置区域的宽度和高度文本框中输入所需数值，如图 4-66 所示。

图 4-65　裁剪图片

图 4-66　精确裁剪图片

如果单击裁剪按钮下面的下三角箭头，在打开的列表中用户还可以选择其他的裁剪方式。如在列表中选择裁剪为形状选项，然后选择椭圆形，则裁剪图片的效果如图 4-67 所示。

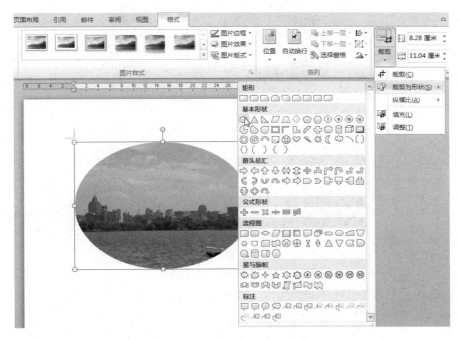

图 4-67　将图片裁剪为形状

❖ 动手做 3　旋转图片

将插入的图片进行旋转时，选中插入的图片，此时在图片上除了 4 条边上的 8 个控制点外，在图片的上方还有一个绿色的控制点，将鼠标光标指向绿色控制点，按住鼠标左键后向左或向右拖动鼠标即可，如图 4-68 所示。

另外选中图片后在格式选项卡的排列组中单击旋转按钮，在列表中用户也可以选择图片的旋转方向，如图 4-69 所示。

图 4-68　利用鼠标拖动旋转图片

图 4-69　旋转列表

❖ 动手做 4　插入屏幕截图

用户可以快速而轻松地将屏幕截图插入到 Office 文件中，以增强可读性或捕获信息，而无须退出正在使用的程序。Microsoft Word、Excel、Outlook 和 PowerPoint 中都提供此功能，用户可以使用此功能捕获在计算机上打开的全部或部分窗口的图片。无论是在打印文档上，还是在用户设计的 PowerPoint 幻灯片上，这些屏幕截图都很容易读取。

屏幕截图适用于捕获可能更改或过期的信息（如重大新闻报道或旅行网站上提供的讲求时效的可用航班和费率的列表）的快照。此外，当用户从网页和其他来源复制内容时，通过任何其他方法都可能无法将它们的格式成功地传输到文件中，而屏幕截图可以帮助用户实现这一点。如果用户创建了某些内容（如网页）的屏幕截图，而源中的信息发生了变化，屏幕截图中的内容也不会更新。

在 Word 2010 中使用屏幕截图的具体操作步骤如下：

01 将插入点定位在要插入屏幕截图的位置。

02 在插入选项卡的插图组中，单击屏幕截图按钮，如图 4-70 所示。

图 4-70 屏幕截图

03 用户可以执行下列操作之一：

● 若要添加整个窗口，则单击可用窗口库中的缩略图。

● 若要添加窗口的一部分，则单击屏幕剪辑，当鼠标指针变成十字状时，按住鼠标左键选择要捕获的屏幕区域。

在进行屏幕剪辑时如果有多个窗口打开，应先单击要剪辑的窗口，然后再在要插入屏幕截图的文档中单击屏幕剪辑。当用户单击屏幕剪辑时，正在使用的程序将最小化，只显示它后面的可剪辑的窗口。另外，屏幕截图只能捕获没有最小化到任务栏的窗口。

❖ 动手做 5 文本框的链接

文本框还有一个奇特的链接功能，在同一个文档的多个文本框中可以建立链接关系，被链接到一起的文本框即便被分开放在不同的位置，文本框中的内容依然是连为一体的。编辑文本时，文本会在整个文本框的链中推进或缩回。如果在前一个文本框中容纳不下的内容，会自动地"流"到下一个文本框中。如果在前一个文本框中删除一些内容，后面文本框中的内容会自动"流"到前一个文本框中。利用文本框的这种链接功能可以更灵活地编排文档版式。

创建文本框链接的具体操作步骤如下：

01 选中要建立链接文本框的第一个文本框。

02 在格式选项卡的文本组中单击创建链接按钮，此时鼠标变为 状，将它移至下一个文本框时变为 状，如图 4-71 所示。

03 单击鼠标则该形状消失，表示两个文本框已经创建了链接关系。此时如果在第一个文本框中输入文本，溢出的部分将自动"流"到下一个文本框中，如图 4-72 所示。

04 如果要断开链接，选中第一个文本框，在格式选项卡的文本组中单击断开链接按钮，则第一个文本框和第二个文本框之间的链接被取消，第二个文本框中的内容将会"流"回第一个文本框。

图 4-71　文本框的链接

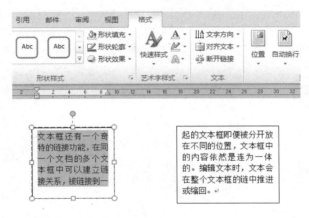

图 4-72　第一个文本框中的内容"流"到下一个文本框中

⁝⁝ 动手做 6　设置文本框的文字对齐方向

用户可以对文本框中的文字设置对齐方向，首先选中文本框，在格式选项卡的文本组中单击文字方向按钮，打开文字方向列表，如图 4-73 所示。在列表中用户可以选择一种文字方向，如果选择文字方向选项，则打开文字方向-文本框对话框，在对话框中用户也可以设置文字方向，如图 4-74 所示。

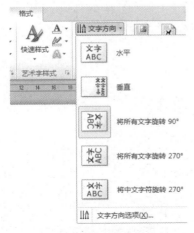

图 4-73　文字方向列表

图 4-74　文字方向-文本框对话框

➢➢ 动手做 7　插入内置的文本框

Word 2010 还提供了内置的文本框样式，用户插入内置的文本框后文本框已被设置好了样式，用户只需在文本框中输入文本即可。

单击插入选项卡文本组中的文本框按钮，在列表中的内置区域单击需要的文本框样式即可在文档中插入内置的文本框。

📎 课后练习与指导

一、选择题

1. 单击"格式"选项卡（　　　）组中的"自动换行"按钮，在列表中可以设置图片的版式。

    A. 排列   B. 文字环绕

    C. 位置   D. 布局选项

2. 下列关于设置图片的说法正确的是（　　　）。

    A. 用户可以利用鼠标拖动调整图片大小

    B. 用户可以等比例缩放图片

    C. 用户可以对图片进行任意角度的旋转

    D. 用户可以将图片裁剪成某种图形

3. 下列关于插入艺术字的说法正确的是（　　　）。

    A. 在插入艺术字时用户可以选择插入艺术字的样式

    B. 新插入的艺术字已经包含了文本的填充效果以及轮廓等效果

    C. 用户可以利用改变艺术字框大小的方法来调整艺术字的大小

    D. 用户不但可以对艺术字进行设置还可以对艺术字框的样式进行设置

4. 下列关于插入文本框的说法错误的是（　　　）。

    A. 文本框可以分为"横排"和"竖排"两种

    B. 用户可以绘制文本框，也可以插入内置的文本框样式

    C. 用户可以对文本框中的文本设置段落对齐和段落间距

    D. 用户无法对文本框的文字环绕方式进行设置

5. 选中图形或者图片后，会出现（　　　）个控制点。

    A. 9   B. 8

    C. 7   D. 6

6. 在默认情况下，图片是以（　　　）环绕方式插入的。

    A. 四周环绕型   B. 嵌入型

    C. 浮于文字上方   D. 上下型环绕

二、填空题

1. Word 2010 提供了多种预定义的纸张，系统默认的是＿＿＿＿＿＿纸，用户可以根据自己的需要选择纸张大小，还可以自定义纸张的大小。

2. 页边距是＿＿＿＿＿＿＿＿＿边缘之间的距离，在页边距中存在＿＿＿＿＿＿＿＿＿、＿＿＿＿＿＿＿＿＿和＿＿＿＿＿＿＿＿＿等图形或文字，为文档设置合适的页边距可以使打印出的文档更美观。

3．单击＿＿＿＿＿＿＿选项卡＿＿＿＿＿＿＿组右下角的对话框启动器按钮，打开"页面设置"对话框。

4．在"页面布局"选项卡的"页面设置"组中单击＿＿＿＿＿＿＿＿按钮，在列表中可以选择合适的纸张。

5．在"页面布局"选项卡的"页面设置"组中单击＿＿＿＿＿＿＿按钮，在列表中可以选择合适的页边距。

6．单击＿＿＿＿＿＿＿选项卡＿＿＿＿＿组中的＿＿＿＿＿按钮，打开"插入图片"对话框。

7．在＿＿＿＿＿＿选项卡＿＿＿＿＿组中的＿＿＿＿下拉列表中可以设置艺术字的文字环绕方式。

8．单击＿＿＿＿＿＿＿选项卡＿＿＿＿＿＿＿＿＿组中的＿＿＿＿＿＿＿按钮，在下拉列表中可以设置艺术字的填充效果。

9．在"格式"选项卡的＿＿＿＿＿＿＿组中单击＿＿＿＿＿＿＿按钮，在下拉列表中可以设置图片的阴影效果。

10．在"格式"选项卡的＿＿＿＿＿＿＿组中单击＿＿＿＿＿＿按钮，在下拉列表中可以设置文本框的线条样式。

三、简答题

1．设置纸张大小有哪几种方法？

2．设置图片大小有哪几种方法？

3．如何设置艺术字的填充效果？

4．艺术字的文字效果大体上有哪些？

5．在文档中插入剪贴画的关键操作步骤是什么？

6．图片在文档中有哪几种环绕方式？

7．如何对图片进行裁剪？

8．如何对文本框的轮廓和填充效果进行设置？

四、实践题

制作一个如图 4-75 所示的图文混排文档，具体要求如下：

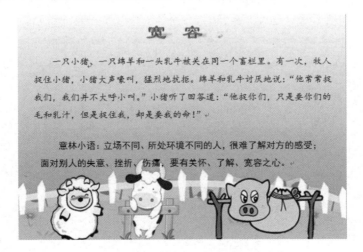

图 4-75　"宽容"文档的最终效果

1．自定义纸张大小，设置纸张的宽度为"15 厘米"，高度为"11 厘米"。

2．在文档中插入图片文件"案例与素材\模块 04\素材\宽容.jpg"。

3．设置图片的文字环绕方式为"衬于文字下方"。

4．在文档中插入艺术字，艺术字样式为"第三行第二列"。

5．设置艺术字的字体为"隶书"，字号为"一号"，字符间距为"10 磅"。

6．设置艺术字文本填充效果为"红色 强调文字颜色 2"，文本轮廓为"无轮廓"，文字效果为棱台中的"硬边缘"，文字效果为阴影中的右上对角透视。

7．在文档中插入两个文本框，设置上方文本框中的字体为"楷体"，字号为"小四"；设置下方文本框中的字体为"黑体"；设置文本框中文本首行缩进"2 字符"，设置行间距为"1.5 倍行距"。

8．设置两个文本框的无填充效果，无轮廓线。

素材位置：案例与素材\模块 04\素材\宽容.jpg。

效果位置：案例与素材\模块 04\源文件\宽容。

模块 05 在文档中使用图形——制作工作流程图

你知道吗？

利用 Word 2010 的绘图功能，用户可以很轻松、快速地绘制出各种外观专业、效果生动的图形。对于绘制出来的图形可以调整其大小，进行旋转、翻转、添加颜色等。用户还可以将绘制的图形与其他图形组合，制作出各种更复杂的图形。

应用场景

平常见到的各种标识、五星红旗等图形如图 5-1 所示，这些都可以利用 Word 2010 软件来制作。

在日常的很多实际任务中，可能需要表达某个工作的过程或流程。有些工作的过程比较复杂，如果仅用文字表达，通常是很难描述清楚的。与此同时，听者也难理解，在这种情况下，最好的方式就是绘制工作流程图，图形的直观性会让双方都一目了然。

如图 5-2 所示，就是利用 Word 2010 制作的工作流程图。请读者根据本模块所介绍的知识和技能，完成这一工作任务。

图 5-1　各种标识图形

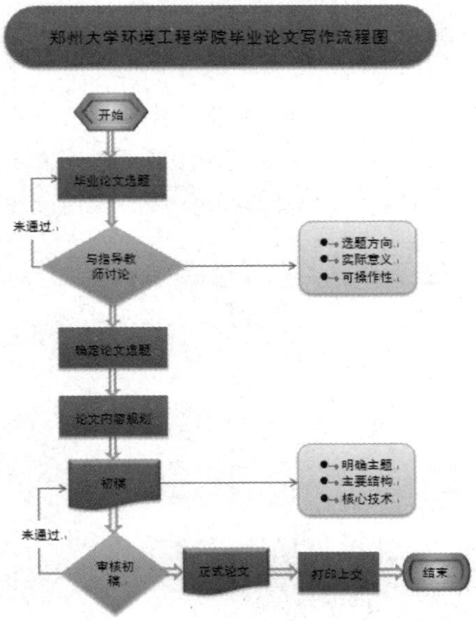

图 5-2　工作流程图

相关文件模板

利用 Word 2010 软件的绘图功能，还可以完成卡通画、床头柜、五星红旗、红灯笼、标识、培训流程图等工作任务。

为方便读者，本书在配套的资料包中提供了部分常用的文件模板，具体文件路径如图 5-3 所示。

图 5-3 应用文件模板

背景知识

工作流程图是利用简明、标准的图形及线条，来描述工作的处理步骤。它是企业界常用的一种作业方法，工作流程图由一个开始点、一个结束点及若干中间环节组成，中间环节的每个分支也都要求有明确的分支判断条件。

设计思路

在制作工作流程图的过程中，首先在文档中绘制自选图形，然后编辑并设置自选图形，最后再将自选图形进行组合。编排工作流程图的关键步骤可分解为：

01 绘制自选图形。

02 编辑自选图形。

03 设置自选图形。

04 组合图形。

项目任务 5-1 绘制自选图形

利用 Word 2010 的绘图功能，用户可以很轻松、快速地绘制出各种外观专业、效果生动的图形。用户可以利用插入选项卡插图组中的形状按钮方便地在指定的区域绘图。绘制自选图形的操作步骤如下：

01 单击插入选项卡插图组中的形状按钮，打开形状下拉列表，如图 5-4 所示。

02 在形状下拉列表的矩形区域中单击圆角矩形按钮，此时鼠标指针变为"十"状，在文档中拖动鼠标，即可绘制出圆角矩形图形，如图 5-5 所示。

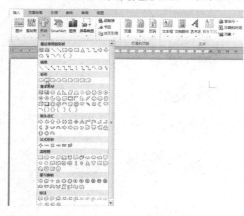

图 5-4 形状下拉列表

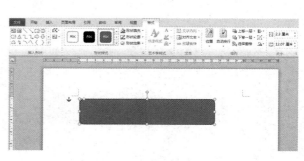

图 5-5 绘制圆角矩形

03 在形状下拉列表的流程图区域中单击准备按钮，此时鼠标指针变为"十"状，在文档中拖动鼠标，即可绘制出准备图形，如图 5-6 所示。

04 在形状下拉列表的箭头总汇区域中单击下箭头按钮，此时鼠标指针变为"十"状，在文档中拖动鼠标，即可绘制出下箭头图形，如图 5-7 所示。

图 5-6　绘制准备图形

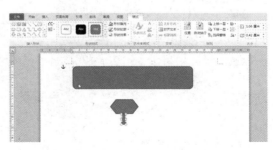

图 5-7　绘制下箭头图形

05 在形状下拉列表的流程图区域中单击过程按钮，此时鼠标指针变为"十"状，在文档中拖动鼠标，即可绘制出过程图形，如图 5-8 所示。

06 按照相同的方法在文档中绘制出其他自选的图形，最终效果如图 5-9 所示。

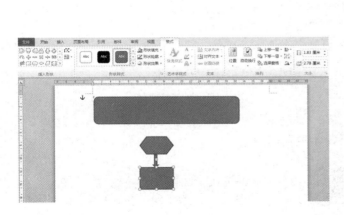

图 5-8　绘制过程图形

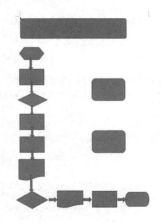

图 5-9　绘制自选图形的效果

项目任务 5-2 ▶ 编辑自选图形

用户可以对自绘的图形进行编辑使它符合要求，如可以对它进行改变大小、设置图形对齐方式、添加文字等操作。

❊ 动手做 1　选定自选图形

在编辑图形时，必须先选定图形。如果要选定一个图形，用鼠标左键单击图形即可。若选定多个图形时，可以先按住 **Ctrl** 键，然后用鼠标分别单击图形。

选中一个自选图形后，在格式选项卡的排列组中单击选择窗格按钮使其呈高亮显示，此时打开选择和可见性窗格，如图 5-10 所示。

在选择和可见性窗格中单击形状列表右侧的显示按钮 🖾，则该形状被隐藏，单击隐藏按钮 ⬜，则该形状被显示，如图 5-11 所示。

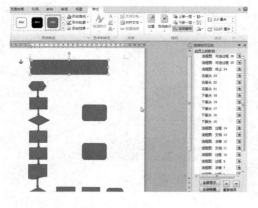

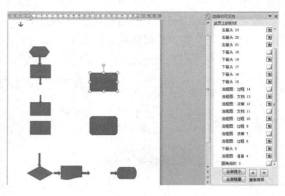

图 5-10　选择和可见性窗格　　　　　　　　　　图 5-11　显示或隐藏图形

在选择和可见性窗格的图形列表中单击某个图形，则该图形被选中，如果按住 Ctrl 键在图形列表中依次单击多个图形，则被单击的图形同时被选中。

⚹ 动手做 2　调整自选图形形状

自选图形绘制好以后，在自选图形的四周共有 9 个控制点，8 个圆圈控制点是用来调整图形大小的，1 个绿色的控制点是用来旋转图形的，除了这 9 个控制点外，一般还有一个或多个用于调整图形形状的黄色菱形的句柄，如图 5-12 所示。

例如，调整"圆角矩形"形状的具体操作步骤如下：

01　单击绘制的"圆角矩形"自选图形，将其选中。

02　选中后的自选图形周围出现了 8 个圆圈控制点，1 个绿色的旋转控制点和 1 个黄色的菱形控制点。

03　将鼠标光标移到黄色的菱形块上，当鼠标光标变成 ⮟ 状时向里或向外拖动，可以改变自选图形的形状，拖动到合适程度后松开鼠标，如图 5-13 所示。

图 5-12　自选图形的控制点　　　　　　　　　图 5-13　调整自选图形的形状

⚹ 动手做 3　调整自选图形

选定的图形对象周围出现的 8 个圆圈控制点是调整图形大小的控制点，用户可以拖动对象的控制点来调整图形的大小。

例如，利用鼠标拖动调整"圆角矩形"图形的大小，具体操作步骤如下：

01　单击"圆角矩形"图形，选中该图形对象。

02　将鼠标光标移到上下边线中间的控制点上，当鼠标光标变成 ⬍ 状时上下拖动即可调整图形对象的高度。

03　将鼠标光标移到左右边线中间的控制点上，当鼠标光标变成 ⬌ 状时左右拖动即可调整图形对象的宽度。

04　将鼠标光标移到四角的控制点上，当鼠标光标变成 ⬲ 状时向里或向外拖动即可整体缩放图形的大小，如图 5-14 所示。

如果要保持原图形的宽高比，在拖动四角的控制点时按住 Shift 键；如果想以图形对象为基点进行缩放，在拖动控制点的同时按住 Ctrl 键。

在实际操作中如果需要对图片的大小进行精确的调整，可以在格式选项卡的大小组中进行设置。例如要精确调整"准备"形状大小，具体操作步骤如下：

01 单击选中"准备"形状。

02 在格式选项卡大小组的高度文本框中选择或输入 1.5 厘米。

03 在格式选项卡大小组的宽度文本框中选择或输入 2.7 厘米，效果如图 5-15 所示。

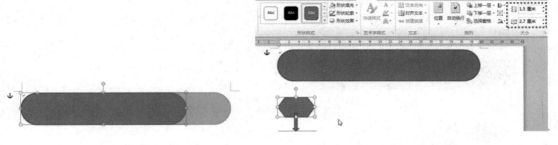

图 5-14　利用鼠标调整自选图形的大小　　　　图 5-15　精确调整图形的大小

用户还可以单击大小组右侧的对话框启动器按钮，打开布局对话框大小选项卡，如图 5-16 所示。在对话框中更改图形大小的方法有两种。一种方法是在高度和宽度选项区域中直接输入图片高度和宽度的确切数值。另外一种方法是在缩放区域中输入高度和宽度相对于原始尺寸的百分比；如果选中锁定纵横比复选框，则 Word 2010 将限制所选图形的高与宽的比例，以便使高度与宽度相互保持原始的比例。此时如果更改对象的高度，则宽度也会根据相应的比例进行自动调整；反之亦然。

动手做 4　在自选图形中添加文字

在各类自选图形中，除了直线、箭头等线条图形外其他的所有图形都允许向其中添加文字。有的自选图形在绘制好后可以直接添加文字，例如，绘制的标注等。有些图形在绘制好后则不能直接添加文字。

在流程图中添加文字的具体操作步骤如下：

01 在要添加文字的"圆角矩形"自选图形上单击鼠标右键，打开快捷菜单。

02 在快捷菜单中单击编辑文字命令，此时鼠标光标自动定位在自选图形中，输入文本郑州大学环境工程学院毕业论文写作流程图，如图 5-17 所示。

03 按照相同的方法在流程图中的其他形状中也可添加文字。

04 用鼠标拖动选中"圆角矩形"自选图形中的文本，单击开始选项卡，在字体组中的字体列表中选择黑体，在字号列表中选择三号，在字体组中单击字体颜色按钮，选择字体颜色为黑色。按照相同的方法设置其他自选图形中的字体为黑体，字号为小四，字体颜色为黑色，效果如图 5-18 所示。

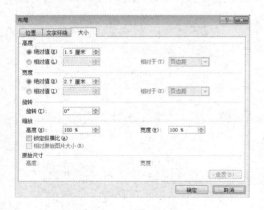

图 5-16　布局对话框中的大小选项卡　　　　　　　图 5-17　为"圆角矩形"自选图形添加文字

05 用鼠标拖动选中选题方向、实际意义和可操作性这三段文本。单击开始选项卡，在段落组中单击项目符号按钮，在项目符号列表中选择一种项目符号，如图 5-19 所示。

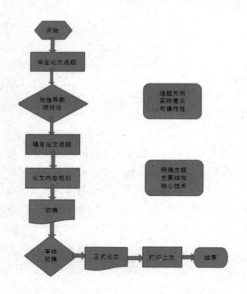

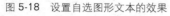

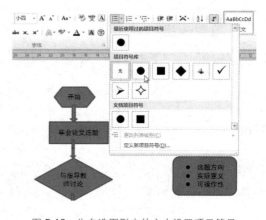

图 5-18　设置自选图形文本的效果　　　　　　　图 5-19　为自选图形中的文本设置项目符号

06 按照相同的方法设置明确主题、主要结构和核心技术三段文本的项目符号。

※ 动手做 5　对齐图形

用户可以利用功能区的命令把图形按照某种对齐方式进行对齐，对齐图形的具体操作步骤如下：

01 选中从"开始"到"审核初稿"的所有图形。

02 单击格式选项卡，在排列组中单击对齐按钮，打开对齐列表，在列表中选择左右居中对齐，如图 5-20 所示。

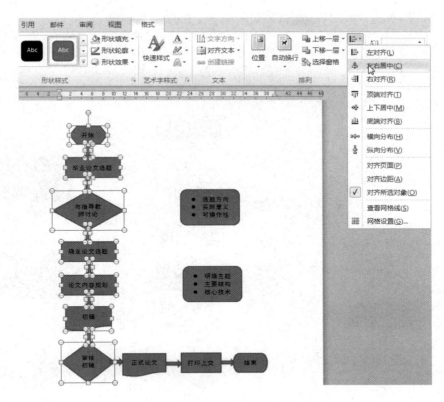

图 5-20 对齐图形

03 选中从"审核初稿"到"结束"的所有图形。

04 单击格式选项卡，在排列组中单击对齐按钮，打开对齐列表，在列表中选择上下居中对齐。

对齐列表中各命令的功能如下：

- 选择左对齐命令，即可将各图形对象的左边界对齐。
- 选择左右居中命令，即可将各图形对象横向居中对齐。
- 选择右对齐命令，即可将各图形对象的右边界对齐。
- 选择顶端对齐命令，即可将各图形对象的顶边界对齐。
- 选择上下居中命令，即可将各图形对象纵向居中对齐。
- 选择底端对齐命令，即可将各图形对象的底边界对齐。
- 选择横向分布命令，即可将各图形对象在水平方向上等距离排列。
- 选择纵向分布命令，即可将各图形对象在竖直方向上等距离排列。

≫ 动手做 6   添加箭头连接符

为了使流程图更加完善，还应在流程图中绘制箭头连接符，具体操作步骤如下：

01 单击插入选项卡插图组中的形状按钮，在打开的下拉菜单的线条区域选择肘形箭头连接符选项。

02 将鼠标指向"与指导教师讨论"自选图形，按住鼠标左键，拖动鼠标到"毕业论文选题"自选图形，绘制一个肘形箭头连接符。

03 将鼠标光标移到黄色的菱形块上，当鼠标光标变成 ⅄ 状时向左拖动鼠标，肘形箭头连接符的最终效果如图 5-21 所示。

04 再绘制一个文本框，将其放置到肘形箭头连接符上。在文本框中输入文本未通过，设置文本框为无轮廓，设置字体为黑体，字号为小四，字体颜色为黑色。

05 按照相同的方法在"审核初稿"和"初稿"之间添加一个肘形箭头连接符，并利用文本框添加文本未通过，效果如图 5-22 所示。

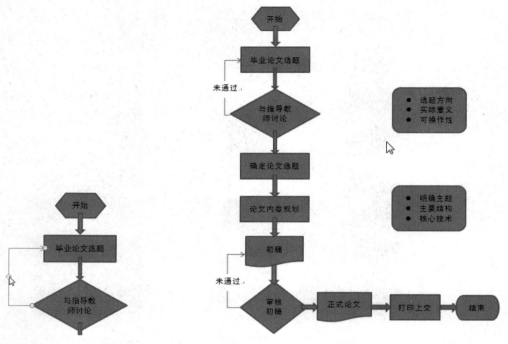

图 5-21　绘制的肘形箭头连接符　　　　图 5-22　绘制的肘形箭头连接符和文本框的效果

⟫ 动手做 7　设置图形的叠放次序

在绘制自选图形时最先绘制的图形被放置到了底层，用户可以根据需要重新调整自选图形的叠放次序，设置图形叠放次序的操作步骤如下：

01 在第一个下箭头上单击鼠标，选中图形，此时下箭头的尾部在开始图形的上面，如图 5-23 所示。

02 切换到格式选项卡，单击排列组中下移一层，或单击下移一层右侧的箭头，在列表中选择置于底层，则下箭头的尾部被置放到了开始图形的下面，如图 5-24 所示。

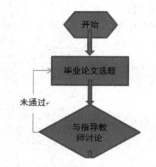 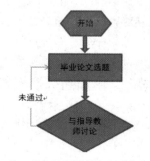

图 5-23　设置图形叠放次序前的效果　　　图 5-24　设置图形叠放次序后的效果

03 按照相同的方法将所有的下箭头置于底层。

项目任务 5-3 设置自选图形

在文档中绘制图形对象后，可以为自选图形加上一些特殊的效果来修饰图形，例如，可以改变图形对象的线型，改变图形对象的填充颜色，还可以为图形对象添加阴影或三维效果。

❖ 动手做 1 设置自选图形形状样式

在 Word 2010 中用户可以快速地为自选图形设置形状样式，具体操作步骤如下：

01 在圆角矩形图形上单击鼠标，选中圆角矩形。

02 切换到格式选项卡，在形状样式组中单击形状样式列表右侧的下三角箭头，打开形状样式列表。

03 在列表中选择第五行第二列的形状样式，则被选中的图形应用了该形状样式，效果如图 5-25 所示。

❖ 动手做 2 设置自选图形轮廓

用户可以对自选图形的形状轮廓进行设置，具体操作步骤如下：

01 在肘形箭头连接符上单击鼠标，选中肘形箭头连接符。

02 切换到格式选项卡，在形状样式组中单击形状轮廓按钮，打开形状轮廓列表。

03 在标准色区域选择蓝色。

04 选择粗细选项，在粗细列表中选择 1.5 磅，肘形箭头连接符设置了形状轮廓的效果如图 5-26 所示。

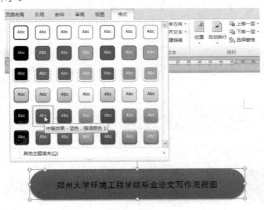

图 5-25 设置自选图形形状样式

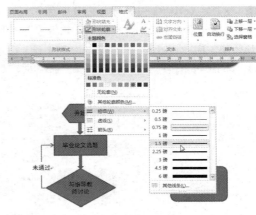

图 5-26 设置形状轮廓

❖ 动手做 3 设置自选图形填充效果

用户可以利用普通的颜色来填充自选图形，也可以为自选图形设置渐变、纹理、图片或图案等填充效果。

例如，为开始自选图形设置填充效果的具体操作步骤如下：

01 在开始图形上单击鼠标，选中开始图形。

02 切换到格式选项卡，在形状样式组中单击形状填充按钮，打开形状填充列表，如图 5-27 所示。

03 选择渐变选项，在渐变列表中选择其他渐变选项，打开设置形状格式对话框。

04 在填充区域选择渐变填充，单击预设颜色按钮，在预设颜色列表中选择熊熊火焰。

05 单击类型按钮，在类型列表中选择射线，单击方向按钮，在方向列表中选择中心辐射。

06 在渐变光圈区域选中第三个色块，在位置文本框中选择或输入 80%，如图 5-28 所示。

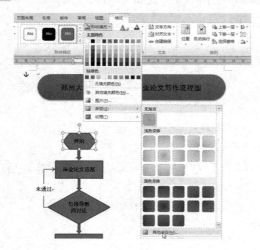 

图 5-27　形状填充列表　　　　　　图 5-28　设置形状格式对话框

07 在对话框的左侧列表中单击线条颜色，在右侧的线条颜色区域
选择无线条选项，单击关闭按钮，开始图形的效果如图 5-29 所示。

≫ 动手做 4　设置自选图形形状效果

设置自选图形形状效果的具体操作步骤如下：

01 在开始图形上单击鼠标，选中开始图形。

02 切换到格式选项卡，在形状样式组中单击形状效果按钮，打开
形状效果列表。

图 5-29　设置图形渐变填充的效果

03 选择棱台选项，在棱台列表中选择斜面，如图 5-30 所示。

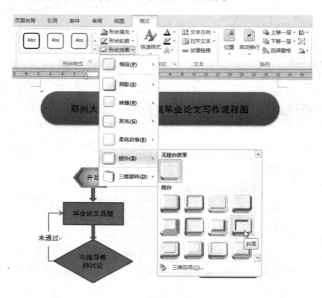

图 5-30　形状效果列表

04 在形状样式组中单击形状效果按钮，打开形状效果列表。选择棱台选项，在棱台列表中选择三

维选项，打开设置形状格式对话框。

05 在棱台区域顶端的宽度文本框中选择或输入 9 磅，在顶端的高度文本框中选择或输入 6 磅，如图 5-31 所示。

06 单击关闭按钮，设置了棱台效果的开始图形的效果如图 5-32 所示。

图 5-31　设置三维格式　　　　　　　　　　　图 5-32　设置棱台效果

按照相同的方法设置其他自选图形的图形效果，流程图的最终效果如图 5-33 所示。

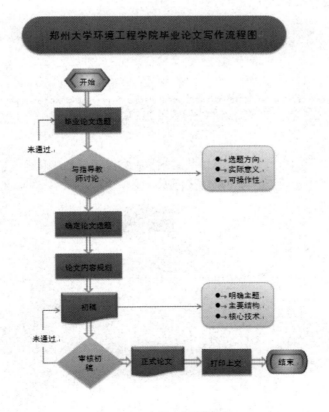

图 5-33　流程图的最终效果

项目任务 5-4 ▶ 组合图形

组合图形就是指把绘制的多个图形对象组合在一起，同时把它们当作一个整体使用，如把它们一起进行翻转、调整大小等。

组合图形的具体操作步骤如下：

01 先按住 Ctrl 键，然后用鼠标分别单击除第一个图形以外的所有图形。

02 切换到格式选项卡，在排列组中单击组合按钮，在列表中选择组合选项，则选中的图形被组合成一个图形。

提示

在组合图形时，用户可以发现原来被选中的每个图形上都显示控制点，被组合后的图形则只显示为一个图形的控制点，对被组合后的图形进行设置时，组合图形中的每个图形都进行相同的变化。

教你一招

把多个图形组合在一起后，如果还要对某个图形单独做修改，那么可以取消组合。在组合列表中单击取消组合选项即可。

项目拓展——制作组织结构图

组织结构图以图形的方式表示组织的管理结构，如公司内的部门经理和非管理层员工。这里利用 Word 2010 制作一个培训班的组织结构图，效果如图 5-34 所示。

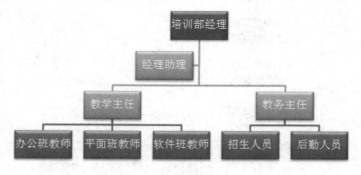

图 5-34　组织结构图

设计思路

在制作组织结构图的过程中，主要是创建组织结构图及设置组织结构图，制作组织结构图的关键步骤可分解为：

01 创建组织结构图。

02 输入文本。

03 在组织结构图中添加或删除结构。

04 更改组织结构图的布局。

05 更改组织结构图的颜色。

06 应用 SmartArt 样式。

∴ 动手做 1　创建组织结构图

创建组织结构图的具体操作步骤如下：

01 在文档选择插入选项卡，然后在插图组中单击 SmartArt 选项，打开选择 SmartArt 图形对话框，如图 5-35 所示。

02 在对话框左侧单击层次结构，在右侧单击一种组织结构图布局（这里单击组织结构图），然后单击确定按钮，在文档中插入组织结构图，如图 5-36 所示。

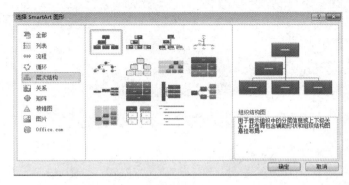

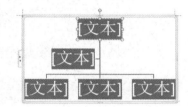

图 5-35　选择 SmartArt 图形对话框　　　　图 5-36　插入的组织结构图

∴ 动手做 2　输入文本

单击组织结构图中的一个结构框并将鼠标光标定位在结构框中，然后可以直接输入文本。

用户也可以在设计选项卡的创建图形组中单击文本窗格按钮显示出文本窗格，在文本窗格中用户也可以输入文本，如图 5-37 所示。再次单击文本窗格按钮，则隐藏文本窗格。

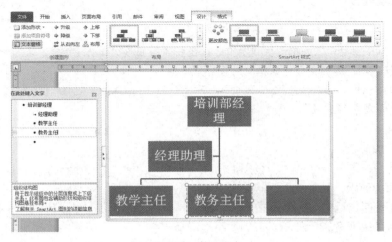

图 5-37　输入文本

教你一招

用户也可以单击组织结构图形状左侧的 ◀ 按钮，显示或隐藏文本窗格。

动手做 3 　在组织结构图中添加或删除结构

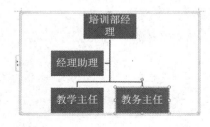

图 5-38　删除结构

在组织结构图中添加或删除结构的具体操作步骤如下：

01 在没有输入文本的结构边框上单击鼠标，将其选中，按 Delete 键将选中的结构删除，如图 5-38 所示。

02 在教学主任的结构边框上单击鼠标，将其选中。单击设计选项卡，在创建图形组中单击添加形状按钮右侧的下三角形箭头，打开添加形状列表，如图 5-39 所示。

03 在列表中选择在下方添加形状选项，则在选中结构的下面添加一个新的结构，如图 5-39 所示。

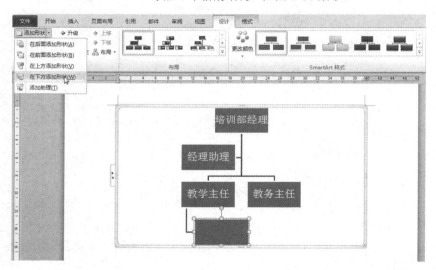

图 5-39　添加结构

04 选中新添加的形状，在添加形状列表中选择在后面添加形状选项；继续在添加形状列表中选择在后面添加形状选项，为教学主任结构添加 3 个分支。

05 按照相同的方法，为教务主任结构添加两个新的分支，并输入相应文本，效果如图 5-40 所示。

添加形状列表中各选项的功能如下：

● 如果要在所选框所在的同一级别上插入一个框，但要将新框置于所选框的后面，单击在后面添加形状。

● 如果要在所选框所在的同一级别上插入一个框，但要将新框置于所选框的前面，单击在前面添加形状。

● 如果要在所选框的上一级别插入一个框，单击在上方添加形状。新框将占据所选框的位置，而所选框及直接位于其下的所有框均降一级。

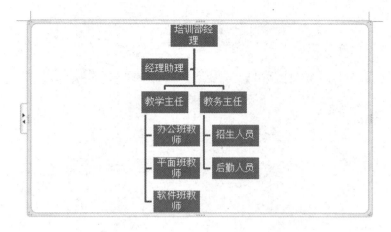

图 5-40　添加结构的最终效果

- 如果要在所选框的下一级别插入一个框，单击在下方添加形状。
- 若要添加助理框，单击添加助理。

⁘动手做 4　更改组织结构图的布局

布局影响所选结构下方的所有分支的布局，更改组织结构图布局的具体操作步骤如下：

01 在教学主任结构边框上单击鼠标，将其选中。单击设计选项卡，在创建图形组中单击布局按钮，打开布局列表，如图 5-41 所示。

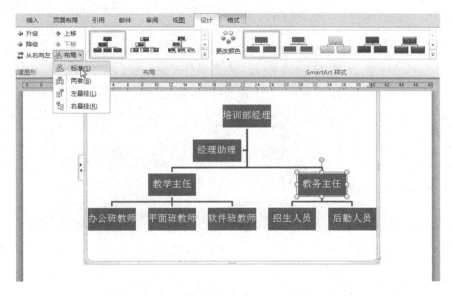

图 5-41　更改布局的效果

02 在布局列表中选择标准选项，则教学主任下面的布局变为标准布局。

03 按照相同的方法设置教务主任结构下面的布局为标准布局。

⁘动手做 5　更改组织结构图的颜色

用户可以将来自主题颜色的颜色组合应用于组织结构图，具体操作步骤如下：

01 选中组织结构图，单击设计选项卡，在 SmartArt 样式组中单击更改颜色按钮，打开更改颜色列表，如图 5-42 所示。

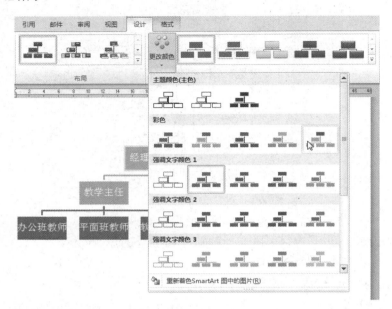

图 5-42　更改组织结构图的颜色

02　在更改颜色列表中选择颜色区域的最后一个颜色选项。

03　选中培训部经理结构，单击格式选项卡，在形状样式组中单击形状填充按钮，打开形状填充列表。

04　在形状填充列表的标准色区域选择紫色，更改组织结构图中某个结构颜色的效果如图 5-43 所示。

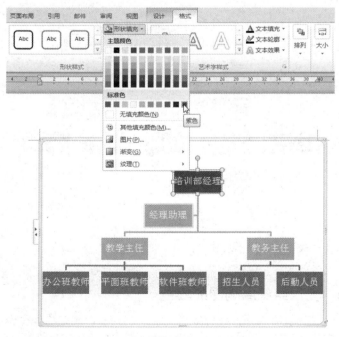

图 5-43　更改组织结构图中某个结构的颜色

⠿ 动手做 6　应用 SmartArt 样式

SmartArt 样式是各种效果（如线型、棱台或三维）的组合，可应用于组织结构图中，以创建独特且具专业设计效果的外观。

在组织结构图上应用 SmartArt 样式的具体操作步骤如下：

01　选中组织结构图，单击设计选项卡，在 SmartArt 样式组中单击 SmartArt 样式列表右侧的下三角箭头，打开 SmartArt 样式列表，如图 5-44 所示。

02　在列表中选择文档的最佳匹配对象区域的强烈效果选项，如图 5-44 所示。

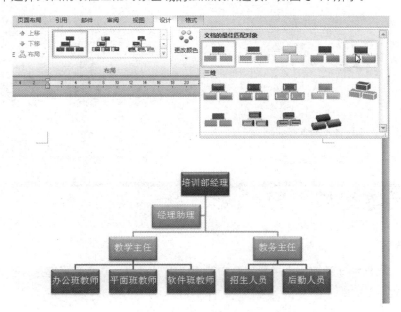

图 5-44　应用 SmartArt 样式的效果

🔑 知识拓展

通过前面的任务主要学习了绘制自选图形、编辑自选图形、设置自选图形、制作组织结构图等操作，另外还有一些操作在前面的任务中没有运用到，下面简单介绍一下。

⠿ 动手做 1　旋转或反转图形

可以将用户绘制出来的自选图形对象以任意角度自由旋转，或者将图形向左或向右旋转 90°。

用户在选定图形对象时图形的上面会出现一个绿色的旋转控制点。将鼠标光标移动到绿色的旋转控制点附近，当鼠标变成 🔄 状时按住鼠标向目的方向拖动旋转控制点即可，当旋转到合适角度时松开鼠标左键。

用户也可以在格式选项卡的排列组中单击旋转按钮，打开旋转列表，如图 5-45 所示。

旋转列表中各选项的功能如下：

● 选择向右旋转 90° 选项，即可使图形对象向右旋转 90°。
● 选择向左旋转 90° 选项，即可使图形对象向左旋转 90°。
● 选择垂直翻转选项，即可使翻转后的图像与原图像以 X 轴对称。
● 选择水平翻转选项，即可使翻转后的图像与原图像以 Y 轴对称。

动手做 2　设置文字环绕方式

如果文档中既有图形又有文本时，用户可以设置图形和文本的环绕方式。在格式选项卡的排列组中单击自动换行按钮，打开自动换行列表，如图 5-46 所示。在列表中用户可以根据需要设置图形与文字之间的各种关系，在默认情况下，当用户绘制一个新图形时，图形浮于文字上方。

图 5-45　旋转列表　　　　　　　　图 5-46　自动换行列表

课后练习与指导

一、选择题

1. 在利用鼠标拖动调整图形大小时，如果想以图形对象为基点进行缩放，在拖动控制点的同时应按住（　　）键。

    A．Ctrl　　　　　　　　　　　　B．Shift

    C．Alt　　　　　　　　　　　　 D．Tab

2. 下列关于编辑自选图形的说法正确的是（　　）。

    A．所有的自选图形都允许向其中添加文字

    B．用户可以利用自选图形上的黄色菱形状的句柄来调整自选图形的形状

    C．用户可以将绘制的自选图形隐藏

    D．在设置图形的对齐时，如果选择"左对齐"命令，即可将各图形以文档的左边界为基准线进行对齐

3. 下列关于设置自选图形效果的说法错误的是（　　）。

    A．用户可以对自选图形设置纯色、渐变、图片、纹理以及图案的填充效果

    B．对于绘制的箭头，用户不可以重新设置箭头的样式

    C．用户可以为绘制的自选图形设置阴影效果

    D．用户可以为绘制的自选图形设置转换效果

4. 下列说法正确的是（　　）。

    A．当用户绘制一个新图形时，图形的文字环绕方式是四周型环绕

    B．用户无法为绘制的图形设置嵌入型的文字环绕方式

    C．用户可以将绘制的自选图形旋转任意的角度

    D．如果要在所选框的上一级别插入一个框，用户可以选择"在前面添加形状"选项

二、填空题

1. 单击_____选项卡的_____组中的_____按钮，在列表中用户可以选择绘制自选图形的形状。

2. 在_____选项卡的_____组中单击_____按钮可以打开"选择和可见性"窗格。

3. 在_____选项卡的_____组中单击_____按钮，在列表中可以选择图形的对齐方式。

4. 在_____选项卡的_____组中用户可以设置图形下移一层。

5. 在_____选项卡的_____组中单击_____按钮，在列表中用户可以为自选图形设置轮廓。

6. 在_____选项卡的_____组中单击_____按钮，在列表中用户可以选择组合图形。

7. 在_____选项卡的_____组中单击_____选项，打开"选择 SmartArt 图形"对话框。

8. 在_____选项卡的_____组中单击_____按钮，在列表中用户可以为组织结构图更改颜色。

三、简答题

1. 如何为自选图形添加文字？

2. 如何设置自选图形的叠放次序？

3. 如何将多个自选图形的右边界对齐？

4. 如何设置自选图形的形状效果？

5. 如何设置自选图形的填充效果？

6. 如何创建组织结构图？

7. 如何更改组织结构图的布局？

四、实践题

制作一个如图 5-47 所示的降价宣传单。

图 5-47 降价宣传单的最终效果

1．利用绘图工具绘制 3 个圆角矩形，1 个矩形，1 个圆形。

2．在 3 个圆角矩形中分别输入文本"探险者""冬装全部 5 折销售！""滑雪、滑冰用具全部 6 折销售！"

3．适当调整"探险者"圆角矩形的形状，使其圆角达到最圆状态；设置"探险者"圆角矩形无轮廓，填充颜色为 RGB（0，153，153）；其他两个圆角矩形无填充颜色，轮廓为 1 磅粗的实线，轮廓颜色为 RGB（0，153，153）。

4．设置矩形无轮廓，填充颜色为渐变填充，第一个渐变色为 RGB（0，153，153），第二个渐变色为白色，渐变类型为线性，方向为线性向下。

5．复制一个相同的矩形，将其垂直翻转。

6．设置圆形无轮廓，填充颜色为渐变填充，第一个渐变色为 RGB（255，153，0），第二个渐变色为 RGB（255，204，0），渐变类型为线性，方向为线性向下。

7．按图 5-47 所示适当调整各图形的大小和位置。

8．如图 5-47 所示利用文本框在文档中输入其他的文本。

效果位置：案例与素材\模块 05\源文件\降价宣传单。

06　文档版面的编排——制作公司内部刊物

在编辑文档时用户往往需要一些特殊的格式，例如可以利用分页和分节来调整文档的页面，可以利用分栏排版来美化文档页面。

人们常常在文档中会见到页眉页脚及分栏排版的版式，如图 6-1 所示，这些都可以利用 Word 2010 软件的页面排版功能来实现。

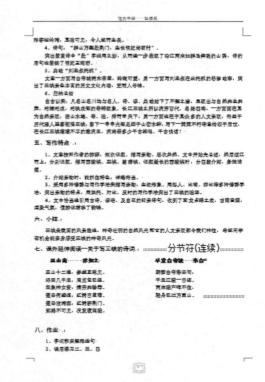

图 6-1　文档中的页眉页脚及分栏排版

龙源纸业为弘扬公司企业文化，树立公司正面形象，增强公司员工的归属感，搭建公司管理人员和广大员工的沟通平台，每月都会出版一期内部刊物。

如图 6-2 所示，就是利用 Word 2010 页面排版功能制作的公司内部刊物。请读者根据本模块所介绍的知识和技能，完成这一工作任务。

相关文件模板

利用 Word 2010 软件的页面功能，还可以完成产品说明书、内部周刊、教学课件、公司简介、电子板报等工作任务。为方便读者，本书在配套的资料包中提供了部分常用的文件模板，具体文件路径如图 6-3 所示。

图 6-2　公司内部刊物　　　　　　　　　　　　　　图 6-3　应用文件模板

背景知识

内部刊物是指在本系统、本行业、本单位内部，用于指导学习、工作、交流信息的内部资料性图书（如部门出版的文件汇编、业务学习材料、法规、论文集、年鉴、史志、党史类、文史类的图书）或连续性（刊型、报型、半月期）非卖印刷品，不包括机关公文性简报等信息资料。

现在，不少大型企业都办有自己的内部刊物，它既是企业宣贯其经营管理方针的"喉舌"，也是建设企业文化的重要阵地，更是员工抒发胸怀的"田园"。

内部刊物，一定要表现单位的文化价值和单位文化。在制作时必须确定好包括的内容，最好加上单位先进个人的光荣事迹和单位的集体荣誉，内部刊物的目的就是振奋单位职工的工作热情，表现单位积极向上的精神面貌。

设计思路

在制作内部刊物的过程中，应首先对文档的版面进行编排，然后为文档添加页眉和页脚，制作内部刊物的关键步骤可分解为：

01 插入封面。

02 设置分页与分节。

03 分栏排版。

04 设置首字下沉。

05 添加页眉和页脚。

06 添加水印。

项目任务 6-1 ▶ 插入封面

在一本书或文档的整体设计中，封面设计具有举足轻重的地位。图书与读者见面时，第一个回合就依赖于封面。好的封面设计不仅能招来读者，使其一见钟情，而且耐人寻味，使其爱不释手。封面设计的优劣对书籍文档的形象有着非常重大的意义。因此，在进行文档的页面排版时需要插入封面，以实现其美观。在 Word 2010 中，系统提供了一些简单的封面设计，当然用户也可以设计出更符合自己喜好的封面。

在内部刊物文档中插入封面的具体操作步骤如下：

01 打开案例与素材\模块 06\素材文件夹中名称为内部刊物（初始）文件。

02 将鼠标光标定位在文档中，单击插入选项卡页组中的封面按钮，打开一个下拉列表，如图 6-4 所示。

03 在下拉列表中选择合适的封面，这里单击细条纹，插入封面的初始效果如图 6-5 所示。

图 6-4　封面列表

图 6-5　插入封面的初始效果

04 在封面中单击键入文档标题，在键入文档标题的右上角显示标题字样，此时用户可以输入标题。用鼠标拖动选中键入文档标题并包含段落符号，按键盘上的 Delete 键可以将标题删除。

05 将封面上的"标题"、"副标题"、"日期"、"公司"、"作者"均删除，然后在封面上插入"案例与素材\模块 06\素材"文件夹中的"封面图"图片，并插入艺术字作为封面文字，封面的最终效果如图 6-6 所示。

图 6-6　插入封面的最终效果

项目任务 6-2　设置分页与分节

为了方便长文档的处理，用户可以把文档分成若干节，然后再对每节进行单独设置。这样对当前节的设置就不会影响到其他小节。为了保证版面的美观，还可以对文档进行强制分页。

❖ 动手做 1　设置分页

通常情况下，用户在编辑文档时，系统会自动分页。但是系统的自动分页不一定符合实际工作任务中的版面要求，这时便可以通过插入分页符在指定位置进行强制分页。

例如，在内部刊物中，文字标题"改革生态环境保护管理体制"在上一页，而内容却在下一页，为了使文档的页面更加整洁，方便阅读，可以在文档中插入一个分页符将文字"改革生态环境保护管理体制"移至下一页中。

在文档中插入分页符的具体操作步骤如下：

01　将插入点定位在要插入分页符的位置处，这里将插入点定位在文字"改革生态环境保护管理体制"的前面。

02　单击页面布局选项卡页面设置组中的分隔符按钮，打开一个下拉列表，如图 6-7 所示。

03　在下拉列表的分页符区域单击分页符选项，在文档中插入分页符后的效果，如图 6-8 所示。

教你一招 ● ● ●

在插入分页符时也可以使用快捷键 Ctrl+Enter。在页面视图或草稿视图中插入的分页符以一条水平的虚线存在，并在中间标有"分页符"字样。将插入点定位在分页符的前面，按 Delete 键即可将其删除。

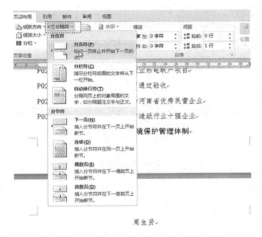

图 6-7　分隔符下拉列表　　　　　　　　图 6-8　设置分页符后的效果

❖ 动手做 2　设置分节

用户可以把一篇长文档分成任意多个节，每节都可以按照不同的需要设置为不同的格式。在不同的节中用户可以对页边距、纸张的方向、页眉（页脚）的位置和页眉（页脚）的格式等进行详细的设置。

节通常用"分节符"来标识，在页面视图和草稿视图方式下，分节符是两条水平平行的虚线。Word 会自动把当前节的页边距、页眉和页脚等被格式化了的信息保存在分节符中。

例如，在文字标题"改革生态环境保护管理体制"和文字标题"有你存在的夏天"的前面分别插入一个连续和下一页分节符，具体操作步骤如下：

01 将插入点定位在文字标题"改革生态环境保护管理体制"的前面。

02 单击页面布局选项卡页面设置组中的分隔符按钮，打开一个下拉列表，在下拉列表的分节符区域单击连续选项插入分节符。

03 将插入点定位在文字标题"有你存在的夏天"的前面。

04 单击页面布局选项卡页面设置组中的分隔符按钮，打开一个下拉列表，在下拉列表的分节符区域单击下一页选项插入分节符，效果如图 6-10 所示。

教你一招 ● ● ●

在页面视图或草稿视图中将插入点定位在分节符的前面，按 Delete 键，分节符将被删。删除分节符时，这个分节符以上的文本所应用的格式也将同时被删除。

图 6-9　Word 选项对话框

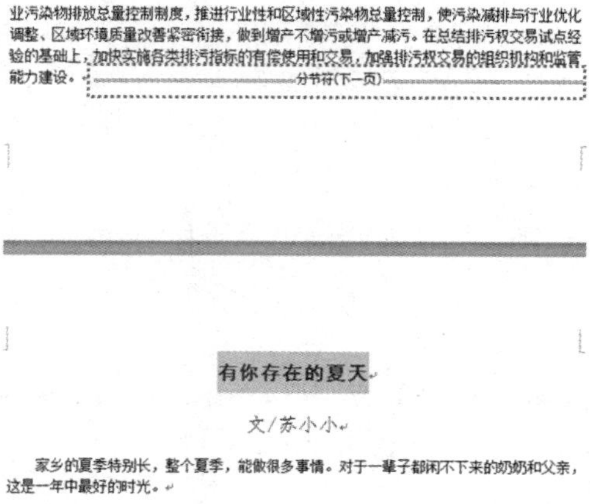

图 6-10　插入分节符的效果

在分隔符列表的分节符类型区域提供了 4 种分节符类型：

● 下一页：表示在当前插入点处插入一个分节符，新的一节从下一页开始。

● 连续：表示在当前插入点处插入一个分节符，新的一节从下一行开始。

● 偶数页：表示在当前插入点插入一个分节符，新的一节从偶数页开始，如果这个分节符已经在偶数页上，那么下面的奇数页是一个空页。

● 奇数页：表示在当前插入点插入一个分节符，新的一节从奇数页开始，如果这个分节符已经在奇数页上，那么下面的偶数页是一个空页。

项目任务 6-3　分栏排版

分栏是经常使用的一种版面设置方式，在报刊、杂志中被广泛使用。分栏排版可以使文本从一栏的底端连续接到下一栏的顶端。只有在页面视图方式和打印预览视图方式下才能看到分栏的效果，在草稿视图方式下，只能看到按一栏宽度显示的文本。

动手做 1　设置分栏

设置分栏，就是将某一页、整篇文档或文档的某一部分设置成具有相同栏宽或不同栏宽的多个栏。Word 2010 为用户提供了控制栏数、栏宽和栏间距的多种分栏方式。

如果要对文档中的某一部分文本进行分栏，在进行分栏时应首先选中要设置分栏的文本，这样在进行分栏时系统将自动为选中的文本添加分节符。如果要对文档中的某一节进行分栏，则在进行分栏时应将插入点定位在文档的当前节中，如果要对没有分节的整篇文档进行分栏则可以将鼠标定位在文档的任意位置。

例如在内部刊物中将文字标题"改革生态环境保护管理体制"下面的内容均分为两栏，具体操作步骤如下：

01 选中文字标题"改革生态环境保护管理体制"下面的正文内容。

02 单击页面布局选项卡页面设置组中的分栏按钮，打开分栏下拉列表，如图 6-11 所示。

03 在分栏下拉列表中单击更多分栏选项，打开分栏对话框，如图 6-12 所示。

04 在分栏对话框的预设区域选中两栏选项，选中栏宽相等和分隔线复选框，在间距文本框中选择或输入 2 字符，在应用于下拉列表中选择所选文字选项。

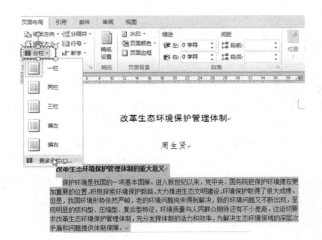

图 6-11　分栏下拉列表

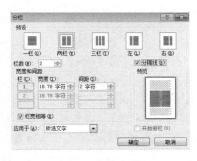

图 6-12　分栏对话框

05 单击确定按钮，分栏的效果如图 6-13 所示。

改革生态环境保护管理体制

周生贤 ————————————— 分节符(连续) —————————————

改革生态环境保护管理体制的重大意义

保护环境是我国的一项基本国策。进入新世纪以来，党中央、国务院把保护环境摆在更加重要的位置，积极探索环境保护新路，大力推进生态文明建设，环境保护取得了很大成绩。但是，我国环境形势依然严峻，老的环境问题尚未得到解决，新的环境问题又不断出现，呈现明显的结构型、压缩型、复合型特征，环境质量与人民群众期待还有不小差距。这迫切要求改革生态环境保护管理体制，充分发挥体制的活力和效率，为解决生态环境领域的深层次矛盾和问题提供体制保障。

（一）改革生态环境保护管理体制是推进生态文明建设的迫切需要

走向生态文明新时代、建设美丽中国，是我们党提高执政能力的重要体现，是实现中华民族伟大复兴中国梦的重要内容。推进生态文明建设，必须树立生态观念、发展生态经济、维护生态安全、优化生态环境、完善生态文明体制，把生态文明建设融入经济建设、政治建设、文化建设、社会建设各方面和全过程，形成有利于节约资源和保护环境的空间格局、产业结构、生产方式、生活方式。生态文明建设是环境保护的灵魂和目标指向，环境保护是生态文明建设的主阵地。然而，现行生态环境保护管理体制的权威性

理念分析环境问题，其本质是经济结构、生产方式和消费模式问题。加强生态环境保护，可以倒逼经济转型升级、优化经济发展：提高节能环保标准，淘汰落后产能，可以推进存量结构调整；提高环境准入门槛，引领新兴产业发展，可以实现增量结构优化。从现行环境监管体制看，政出多门、权责脱节、监管力量分散等问题明显存在，影响行政效能，削弱监管合力，环保引导和倒逼机制作用尚未充分传导到经济转型升级上来。改革生态环境保护管理体制，坚持在保护中发展、在发展中保护，有利于促进传统产业生态化改造升级，推动节能环保等战略性新兴产业发展，实现环境效益、经济效益和社会效益多赢。

（三）改革生态环境保护管理体制是加快低碳发展的重要支撑

大力推进以低能耗、低污染、低排放为主要特征的低碳发展，是世界可持续发展的新趋向，也是积极应对气候变化的根本出路。我国要实现到 2020 年单位国内生产总值二氧化碳排放比 2005 年下降 40%~45%、非化石能源占一次能源消费比重达到 15%左右的目标，必须加快转变能源资源生产和利用方式，进一步提高能源利用效率，形成绿色低碳的生活方式和消费模式，逐步降低经济社会发展的碳排放强度。这在客观上要求改革生态环境保护管理体制，全面强化资

图 6-13　设置分栏排版的效果

教你一招

用户可以在分栏列表中选择一种分栏方式，则选中的文本按照系统预设的值进行分栏。在分栏对话框中的预设区域选择 Word 2010 给出的 5 种分栏方式中的一种后，则在下面的栏数、宽度和间距区域自动给出预设的值，用户可以对这些值进行调整。另外用户也可以在栏数文本框中自定义要分的栏数，然后在宽度和间距区域对各栏的栏宽和栏间距进行调整。

动手做 2　控制栏中断

如果希望某段文字处于下一栏的开始处，可以采用在文档中插入分栏符的方法，使当前插入点以后的文字移至下一栏。

例如，在对文字标题“改革生态环境保护管理体制”下面的内容分栏排版后，发现“（一）建立统一监管所有污染物排放的环境保护管理制度，独立进行环境监管和行政执法”这段话在前面的一栏中，而其后的内容在后面的一栏中，如图 6-14 所示。

此时用户可以采用插入分栏符的方法使“（一）建立统一监管所有污染物排放的环境保护管理制度，独立进行环境监管和行政执法”这段话进入到下一栏中，具体操作步骤如下：

01 将插入点定位在“（一）建立统一监管所有污染物排放的环境保护管理制度，独立进行环境监管和行政执法”这段话的前面。

02 单击页面布局选项卡页面设置组中的分隔符按钮，打开一个下拉列表。

03 在分隔符下拉列表的分页符区域单击分栏符选项，插入分栏符后的效果如图 6-15 所示。

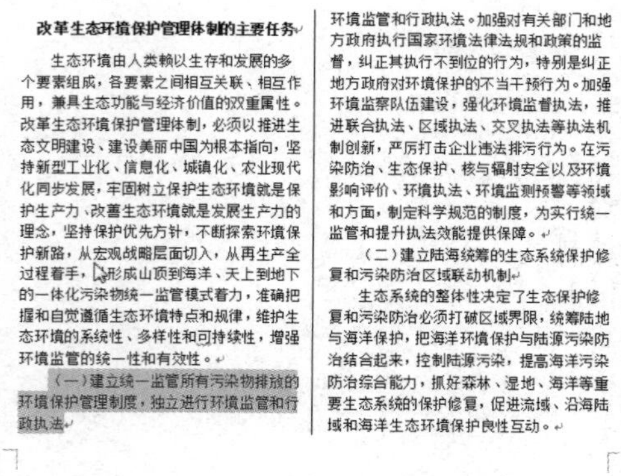
改革生态环境保护管理体制的主要任务

生态环境由人类赖以生存和发展的多个要素组成，各要素之间相互关联、相互作用，兼具生态功能与经济价值的双重属性。改革生态环境保护管理体制，必须以推进生态文明建设、建设美丽中国为根本指向，坚持新型工业化、信息化、城镇化、农业现代化同步发展，牢固树立保护生态环境就是保护生产力、改善生态环境就是发展生产力的理念，坚持保护优先方针，不断探索环境保护新路，从宏观战略层面切入，从再生产全过程着手，形成山顶到海洋、天上到地下的一体化污染物统一监管模式着力，准确把握和自觉遵循生态环境特点和规律，维护生态环境的系统性、多样性和可持续性，增强环境监管的统一性和有效性。

（一）建立统一监管所有污染物排放的环境保护管理制度，独立进行环境监管和行政执法

环境监管和行政执法。加强对有关部门和地方政府执行国家环境法律法规和政策的监督，纠正其执行不到位的行为，特别是纠正地方政府对环境保护的不当干预行为。加强环境监察队伍建设，强化环境监督执法，推进联合执法、区域执法、交叉执法等执法机制创新，严厉打击企业违法排污行为。在污染防治、生态保护、核与辐射安全以及环境影响评价、环境执法、环境监测预警等领域和方面，制定科学规范的制度，为实行统一监管和提升执法效能提供保障。

（二）建立陆海统筹的生态系统保护修复和污染防治区域联动机制

生态系统的整体性决定了生态保护修复和污染防治必须打破区域界限，统筹陆地与海洋保护，把海洋环境保护与陆源污染防治结合起来，控制陆源污染，提高海洋污染防治综合能力，抓好森林、湿地、海洋等重要生态系统的保护修复，促进流域、沿海陆域和海洋生态环境保护良性互动。

图 6-14　插入分栏符前的效果

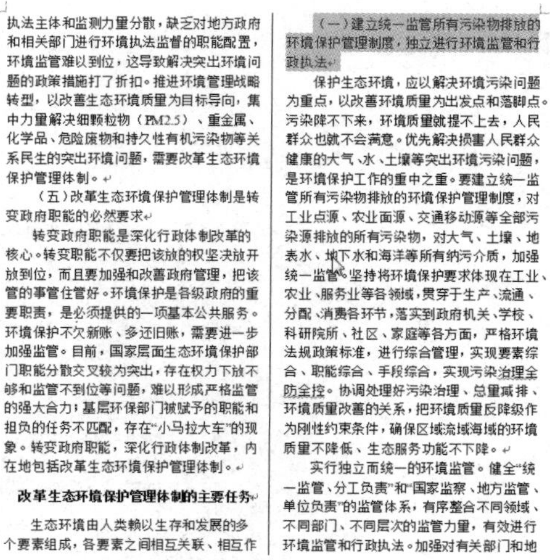
执法主体和监测力量分散，缺乏对地方政府和相关部门进行环境执法监督的职能配置，环境监管难以到位，这导致解决突出环境问题的政策措施打了折扣。推进环境管理战略转型，以改善生态环境质量为目标导向，集中力量解决细颗粒物（PM2.5）、重金属、化学品、危险废物和持久性有机污染物等关系民生的突出环境问题，需要改革生态环境保护管理体制。

（五）改革生态环境保护管理体制是转变政府职能的必然要求

转变政府职能是深化行政体制改革的核心。转变职能不仅要把该放的权坚决放开放到位，而且要加强和改善政府管理，把该管的事管住管好。环境保护是各级政府的重要职责，是必须提供的一项基本公共服务。环境保护不欠新账、多还旧账，需要进一步加强监管。目前，国家层面生态环境保护部门职能分散交叉较为突出，存在权力下放不够和监管不到位等问题，难以形成严格监管的强大合力；基层环保部门被赋予的职能和担负的任务不匹配，存在“小马拉大车”的现象。转变政府职能，深化行政体制改革，内在地包括改革生态环境保护管理体制。

改革生态环境保护管理体制的主要任务

生态环境由人类赖以生存和发展的多个要素组成，各要素之间相互关联、相互作

（一）建立统一监管所有污染物排放的环境保护管理制度，独立进行环境监管和行政执法

保护生态环境，应以解决环境污染问题为重点，以改善环境质量为出发点和落脚点。污染降不下来，环境质量就提不上去，人民群众也就不会满意。优先解决损害人民群众健康的大气、水、土壤等突出环境污染问题，是环境保护工作的重中之重。要建立统一监管所有污染物排放的环境保护管理制度，对工业点源、农业面源、交通移动源等全部污染源排放的所有污染物，对大气、土壤、地表水、地下水和海洋等所有纳污介质，加强统一监管。坚持将环境保护要求体现在工业、农业、服务业等各领域，贯穿于生产、流通、分配、消费各环节，落实到政府机关、学校、科研院所、社区、家庭等各方面，严格环境法规政策标准，进行综合管理，实现要素综合、职能综合、手段综合，实现污染治理全防全控。协调处理好污染治理、总量减排、环境质量改善的关系，把环境质量反降级作为刚性约束条件，确保区域流域海域的环境质量不降低、生态服务功能不下降。

实行独立而统一的环境监管。健全“统一监管、分工负责”和“国家监察、地方监管、单位负责”的监管体系，有序整合不同领域、不同部门、不同层次的监管力量，有效进行环境监管和行政执法。加强对有关部门和地

图 6-15　插入分栏符后的效果

动手做 3　取消分栏

如果要取消文档的分栏可以在页面布局选项卡页面设置组中的分栏下拉列表中选择一栏即可。在取消分栏时还可以选择取消分栏文档中的部分文档的分栏。在分栏文档中选中要取消分栏的部分文本，然后在页面布局选项卡页面设置组中的分栏下拉列表中选择一栏，系统将自动为文档分节，选中的文本被分在一节中，该节的分栏版式被取消。

项目任务 6-4　设置首字下沉

首字下沉是文档中常用到的一种排版方式，就是将段落开头的第一个或若干个字母、文字变为大号字，从而使文档的版面出现跌宕起伏的变化，使文档更美观。用户可以为段落开头的一个文字或多个字符设置首字下沉效果。

例如为内部刊物“改革生态环境保护管理体制的重大意义”下面第一段文本的第一个文字设置首字下沉，具体操作步骤如下：

01 选中要设置首字下沉的文本，或将鼠标定位在设置首字下沉的段落中。

02 单击插入选项卡文本组中的首字下沉按钮，打开一个下拉列表，如图 6-16 所示。

03 在首字下沉下拉列表中单击首字下沉选项，打开首字下沉对话框，如图 6-17 所示。

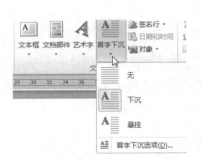

图 6-16 首字下沉列表 　　　　图 6-17 首字下沉对话框

04 在首字下沉对话框中的位置区域选择下沉，在字体列表中设置下沉的字体为楷体，在下沉行数列表中设置下沉的行数为 3 行，在距正文列表中设置距正文的距离为 0.5 厘米。

05 单击确定按钮，设置首字下沉的效果如图 6-18 所示。

改革生态环境保护管理体制

周生贤 ━━━━━━━分节符(连续)━━━━━━━

改革生态环境保护管理体制的重大意义

保护环境是我国的一项基本国策。进入新世纪以来，党中央、国务院把保护环境摆在更加重要的位置，积极探索环境保护新路，大力推进生态文明建设，环境保护取得了很大成绩。但是，我国环境形势依然严峻，老的环境问题尚未得到解决，新的环境问题又不断出现，呈现明显的结构型、压缩型、复合型特征，环境质量与人民群众期待还有不小差距。这迫切要求改革生态环境保护管理体制，充分发挥体制的活力和效率，为解决生态环境领域的深层次矛盾和问题提供体制保障。

有转型升级才能持续健康发展。用生态文明理念分析环境问题，其本质是经济结构、生产方式和消费模式问题。加强生态环境保护，可以倒逼经济转型升级、优化经济发展：提高节能环保标准，淘汰落后产能，可以推进存量结构调整；提高环境准入门槛，引领新兴产业发展，可以实现增量结构优化。从现行环境监管体制看，政出多门、权责脱节、监管力量分散等问题明显存在，影响行政效能，削弱监管合力，环保引导和倒逼机制作用尚未充分传导到经济转型升级上来。改革生态环境保护管理体制，坚持在保护中发展、在发展中保护，有利于促进传统产业生态化改造升级，推动节能环保等战略性新兴产业

图 6-18 设置首字下沉的效果

教你一招

如果要设置段落开头的多个文字下沉效果则应将要设置下沉的文本都选中。如果要取消首字下沉效果，则首先选中要取消首字下沉效果的文本，然后单击插入选项卡的文本组中的首字下沉按钮，在下拉列表中单击无按钮即可。

项目任务 6-5 添加页眉和页脚

页眉和页脚是指在文档页面的顶端和底端重复出现的文字或图片等信息。在草稿视图方式下用户无法看到页眉和页脚，在页面视图中看到的页眉和页脚会变淡。可以将首页的页眉和页脚设置成与其他页不同的形式，也可以对奇数页和偶数页设置不同的页眉和页脚。

Word 2010 案例教程

动手做 1 创建页眉和页脚

页眉和页脚与文档的正文处于不同的层次上，因此在编辑页眉和页脚时不能编辑文档的正文，同样在编辑文档正文时也不能编辑页眉和页脚。

例如，在内部刊物正文第 1 节中添加页眉，具体操作步骤如下：

01 将插入点定位在文档分节的第 1 节中。

02 单击插入选项卡页眉和页脚组中的页眉按钮，打开页眉下拉列表，如图 6-19 所示。

03 在下拉列表中选择编辑页眉选项，进入页眉和页脚编辑模式，同时打开页眉和页脚工具选项卡，此时在页眉编辑区出现系统默认的页眉–第 1 节–字样，如图 6-20 所示。

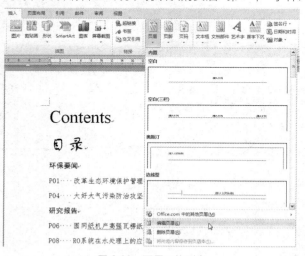

图 6-19 页眉下拉列表

图 6-20 页眉编辑模式

教你一招

在 Word 2010 中，在文档的页面页眉区域或页脚区域双击鼠标，也可以进入页眉和页脚的编辑模式。

04 在页眉中输入"河南省龙源纸业股份有限公司内部刊物"，切换到开始选项卡。在字体组中单击文本效果按钮，在文本效果列表中选择第四行第二列的文本效果，在段落组中单击右对齐按钮，则页眉的效果如图 6-21 所示。

05 选中页眉的段落，在段落组中单击下框线右侧的下三角箭头，在下框线列表中选择无框线选项，设置页眉边框线的效果如图 6-22 所示。

图 6-21 输入页眉文字　　　　　　　　　　　　　　　图 6-22 设置页眉边框线的效果

06 切换到设计选项卡，在位置组的页眉顶端距离文本框中选择或输入 1.9 厘米，如图 6-23 所示。

图 6-23　设置页眉顶端距离

07　编辑完毕，单击设计选项卡关闭组中的关闭页眉页脚按钮返回文档，用户会发现所有的页都被添加了相同的页眉。

动手做 2　创建首页不同的页眉和页脚

在一篇文档中，首页常常是比较特殊的，它往往是文章的封面或图片简介等。在这种情况下，如果出现页眉或页脚可能会影响到版面的美观，此时可以设置在首页不显示页眉或页脚内容。

在内部刊物中，首页是封面，因此可以不使用页眉。创建首页不同的页眉和页脚的具体操作步骤如下：

01　进入页眉页脚的编辑模式，将鼠标定位在第 1 节页眉中。

02　在设计选项卡的选项组中，选中首页不同复选框，此时在首页将显示首页页眉字样，如图 6-24 所示。

03　将首页的页眉删除。

04　编辑完毕，单击设计选项卡关闭组中的关闭页眉页脚按钮返回文档，会发现首页不存在页眉而其他页仍存在页眉。

动手做 3　创建奇偶页不同的页眉和页脚

有时希望在文档的奇数页和偶数页显示不同的页眉或页脚。在双面文档中，这种页眉和页脚最为常见。

为内部刊物文档创建奇偶页不同的页眉和页脚，具体操作步骤如下：

01　进入页眉页脚的编辑模式，将鼠标光标定位在第 2 节页眉中，此时会发现在第 2 节页眉上会显示与上一节相同字样，如图 6-25 所示。

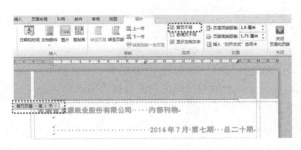

图 6-24　设置首页不同的页眉和页脚

图 6-25　与上一节相同字样

02 在设计选项卡的选项组中，选中奇偶页不同复选框。

03 单击设计选项卡导航组中的链接到前一个页眉按钮，取消该按钮的被选中状态，断开当前节中的页眉与上一节的链接，此时与上一节相同字样将消失，如图 6-26 所示。

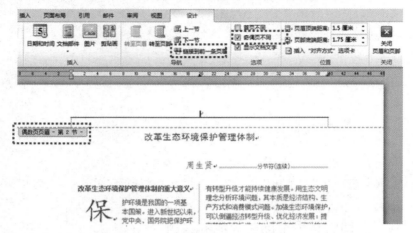

图 6-26　断开与上一节的链接

04 将鼠标光标定位在偶数页页眉区进行编辑，插入一个艺术字环保要闻，并将其放置到页眉右侧位置，效果如图 6-27 所示。

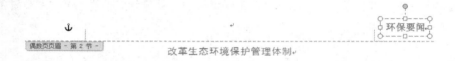

图 6-27　编辑偶数页页眉

05 将鼠标光标定位在偶数页页脚位置，单击设计选项卡导航组中的链接到前一个页眉按钮，取消该按钮的被选中状态，断开当前节中的页脚与上一节的链接，此时与上一节相同字样将消失。

06 在页脚处绘制一个竖排文本框，设置文本框无轮廓，输入文本"龙源人　2014.07"，将绘制的文本框放置到右下角，效果如图 6-28 所示。

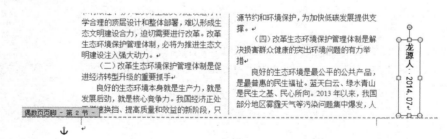

图 6-28　编辑偶数页页脚

07 将鼠标光标定位在第 3 节奇数页页眉位置，单击设计选项卡导航组中的链接到前一个页眉按钮，取消该按钮的被选中状态，断开当前节中的页眉与上一节的链接，此时与上一节相同字样将消失。

08 将鼠标光标定位在奇数页页眉区进行编辑，插入一个艺术字环保要闻，并将其放置到页眉左侧位置，效果如图 6-29 所示。

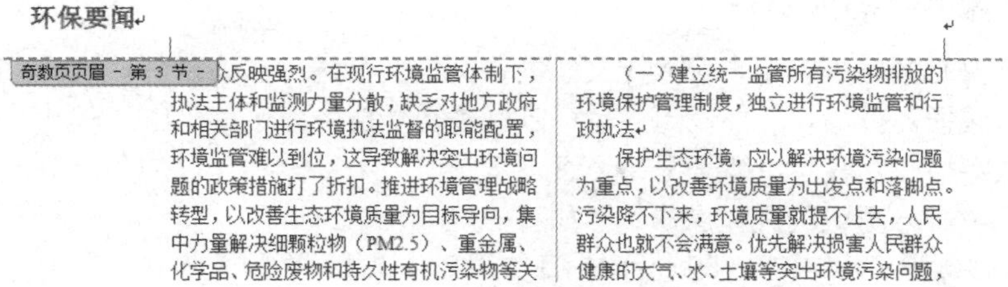

环保要闻
奇数页页眉 - 第 3 节 -
众反映强烈。在现行环境监管体制下，执法主体和监测力量分散，缺乏对地方政府和相关部门进行环境执法监督的职能配置，环境监管难以到位，这导致解决突出环境问题的政策措施打了折扣。推进环境管理战略转型，以改善生态环境质量为目标导向，集中力量解决细颗粒物（PM2.5）、重金属、化学品、危险废物和持久性有机污染物等关
（一）建立统一监管所有污染物排放的环境保护管理制度，独立进行环境监管和行政执法
保护生态环境，应以解决环境污染问题为重点，以改善环境质量为出发点和落脚点。污染降不下来，环境质量就提不上去，人民群众也就不会满意。优先解决损害人民群众健康的大气、水、土壤等突出环境污染问题，

图 6-29　编辑奇数页页眉

09 将鼠标光标定位在奇数页页脚位置，单击设计选项卡导航组中的链接到前一个页眉按钮，取消该按钮的被选中状态，断开当前节中的页脚与上一节的链接，此时与上一节相同字样将消失。

10 在页脚处绘制一个竖排文本框，设置文本框无轮廓，输入文本“龙源人　2014.07”，将绘制的文本框放置到左下角，如图 6-30 所示。

护生产力、改善生态环境就是发展生产力的理念，坚持保护优先方针，不断探索环境保护新路，从宏观战略层面切入，从再生产全过程着手，从形成山顶到海洋、天上到地下的一体化污染物统一监管模式着力，准确把握和自觉遵循生态环境特点和规律，维护生态环境的系统性、多样性和可持续性，增强环境监管的统一性和有效性。
分栏符
染防治、生态保护、核与辐射安全以及环境影响评价、环境执法、环境监测预警等领域和方面，制定科学规范的制度，为实行统一监管和提升执法效能提供保障。
（二）建立陆海统筹的生态系统保护修复和污染防治区域联动机制
生态系统的整体性决定了生态保护修复和污染防治必须打破区域界限，统筹陆地与海洋保护，把海洋环境保护与陆源污染防治结合起来，控制陆源污染，提高海洋污染
龙源人 2014.07
奇数页页脚 - 第 3 节 -

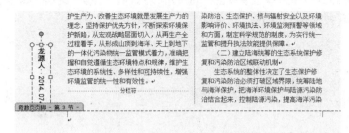

图 6-30　编辑奇数页页脚

用户可以参照相同的方法对下面的节设置奇偶页不同的页眉和页脚，编辑完毕，单击设计选项卡关闭组中的关闭页眉页脚按钮返回文档，奇偶页不同的页眉和页脚的效果如图 6-31 所示。

环保要闻
改革生态环境保护管理体制
分节符(连续)
龙源人 2014.07

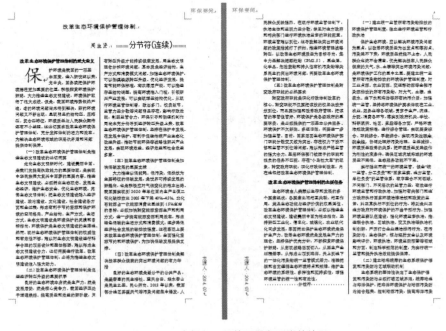

图 6-31　奇偶页不同的页眉和页脚的效果

✦ 动手做 4　插入页码

为了方便文档的管理，用户可以给文档的各页加上页码，在编辑页眉和页脚时用户可以在页眉和页脚区域插入页码。另外，用户也可以直接在文档中插入页码，在插入页码时用户还可以对页码的数字格式以及起始编号进行设置。

为内部刊物插入页码的具体操作步骤如下：

01　进入页眉页脚的编辑模式，将鼠标光标定位第 2 节偶数页页脚区域中。

02　在页脚绘制一个文本框，设置文本框无轮廓，将文本框拖到右下角的适当位置。

03　将鼠标光标定位在文本框中，在设计选项卡的页眉和页脚组中单击页码按钮，打开一个下拉列表，如图 6-32 所示。

04　在页码下拉列表中选择当前位置选项，然后在当前位置列表中选择大型 1 选项，在文本框中插入页码的效果如图 6-32 所示。

05　在设计选项卡的页眉和页脚组中单击页码按钮，在页码下拉列表中选择设置页码格式选项，打开页码格式对话框，如图 6-33 所示。

图 6-32　插入页码的效果

图 6-33　页码格式对话框

06　在页码编号区域选择起始页码选项，在文本框中输入 1，单击确定按钮，此时用户会发现当前的偶数页变为了奇数页，这是因为将起始页码变为 1 的缘故。

07　继续在当前的奇数页页脚区域插入一个文本框，并插入页码，将文本框拖动到左下角的适当位置，效果如图 6-34 所示。

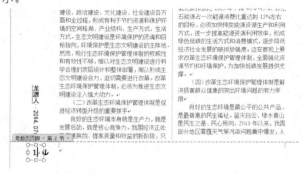

图 6-34　在奇数页插入页码的效果

08 按照相同的方法设置下面各节的奇偶页页码，在设置下面各节的页码时，页码编号选择续前节选项，插入页码的效果如图 6-35 所示。

图 6-35　在奇偶页插入页码的效果

项目任务 6-6 ▸ 添加水印

水印是一种特殊的背景，在 Word 2010 中添加水印的操作非常方便，用户可以使用文字或图片作为水印背景。

为内部刊物添加水印的具体操作步骤如下：

01 将插入点定位在文档中。

02 在页面布局选项卡的页面背景组中单击水印选项，打开水印列表，如图 6-36 所示。

03 在水印列表中选择自定义水印选项，打开水印对话框，如图 6-37 所示。

04 选中文字水印单选按钮，在文字文本框中输入要显示的文字河南省龙源纸业股份有限公司；在字体下拉列表框中选中楷体；在字号下拉列表中选择自动；在颜色下拉列表中选一种颜色，选中半透明复选框；在版式区域中选中斜式单选按钮。

05 单击确定按钮，为文档设置水印后的效果，如图 6-38 所示。

图 6-36　水印列表

139

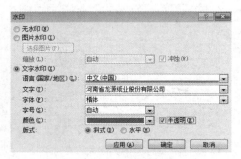

图 6-37　水印对话框

河南省龙源纸业股份有限公司内部刊物

Contents

目录

环保要闻

P01……改革生态环境保护管理体制

P04……大好大气污染防治攻坚战

研究报告

P06……圆网纸机产高强瓦楞纸的技术创新改造

P08……RO系统在水处理上的应用

P010……有机污染物降解用光催化纸的应用与展望

P015……纸机上浆系统流程的优化

行业动态

P019……吉安集团30亿资产借壳山鹰纸业上市

P021……中国造纸学会秘书长工作交流会议在北京举行

绿色文苑

P024……有你存在的夏天

龙源资讯

P027……省政府领导考察龙源纸业热电联产项目

河南省龙源纸业股份有限公司

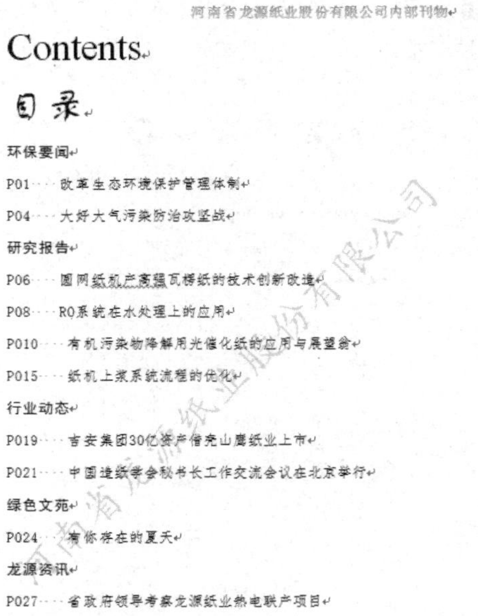

图 6-38　添加水印的效果

项目拓展——制作班级周报

新学期开始了，又恰逢教师节，班级要出一期班级周报来庆祝教师节并对教师们送上衷心的祝福，如图 6-39 所示为班级周报的一页。

设计思路

在班级周报的制作过程中，主要是在文档中应用一些特殊的版式，制作班级周报文档的关键步骤可分解为：

01 设置文字提升。

02 设置带圈字符。

03 为文字添加拼音。

04 设置双行合一。

05 设置分栏与首字下沉。

06 添加页眉。

动手做 1　设置文字提升

打开 “案例与素材\模块 06\素材” 文件夹中名称为 “班级周报（初始）” 文件，如图 6-40 所示。

为了使班级周报 4 个字看上去更有艺术性，可以对班级两个字采用提升效果，具体操作步骤如下：

01 选中 “班级” 两个字。

02 在开始选项卡下，单击字体组右下角的对话框启动器按钮，打开字体对话框，选择高级选项卡，如图 6-41 所示。

图 6-39　班级周报　　　　　　　　　　图 6-40　班级周报（初始）文档

03 在位置下拉列表中选择提升，在磅值文本框中选择或输入 20 磅，单击确定按钮，设置文字提升的效果如图 6-42 所示。

图 6-41　字体对话框　　　　　　　　　　图 6-42　设置文字提升的效果

⁂ 动手做 2　设置带圈字符

在文档中使用带圈字符可以突出文字的显示效果，提高文字的趣味性。在 Word 2010 中用户可以为单个汉字或两位数字加圈。

在班级周报中为周报两个字创建带圈字符的具体操作步骤如下：

01 在文档中选中周报文本。

02 单击开始选项卡字体组中的带圈字符按钮字，打开带圈字符对话框，如图 6-43 所示。

03 在样式区域选择增大圈号，在圈号列表中选择圆形的圈，单击确定按钮，则所选字符被添加了一个圆圈，如图 6-44 所示。

图 6-43 带圈字符对话框

图 6-44 设置带圈字符的效果

动手做 3 为文字添加拼音

在一些拼音教材、儿童读物等中文文档中，可能需要在每个字的上面标注拼音。在 Word 2010 中用户可以轻而易举地做到这一点，例如为班级周报的秋风飒飒添加拼音，具体操作步骤如下：

01 选中秋风飒飒文本。

02 单击开始选项卡字体组中的拼音指南按钮 ，打开拼音指南对话框，如图 6-45 所示。

03 在基准文字下面的表格中列出了选择的要注音的文本，在拼音文字下面的表格中列出了系统为对应的每个字添加的拼音，如果系统为文字添加的拼音不正确，用户可以在拼音文字表格中为文字修改为正确的注音。

04 如果单击单字按钮，则按单字注音，拼音字母就平均地分排在每个字的上面。如果单击组合按钮，就按组和词汇注音，它们的拼音将平均地分排在整个词汇上。

05 在对齐方式文本框中选择拼音的对齐方式；在字体文本框中选择拼音的字体；在字号文本框中选择拼音的字号。

06 单击确定按钮，用户就可以在文档上看到拼音指南的效果，如图 6-46 所示。

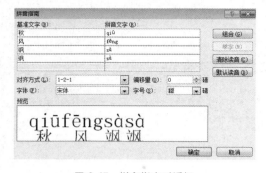

图 6-45 拼音指南对话框

图 6-46 拼音指南效果

教你一招

如果要删除拼音，可以先选中设置拼音的文本，然后在拼音指南对话框中单击清除读音按钮，即可取消拼音的效果。

∷ 动手做 4 设置双行合一

"双行合一"可以用来把选择的一段文本分成两行，这两行文本同时与其他文字水平方向保持一致。例如将"祝全体老师们全体同学们节日快乐"文本中的"全体老师们全体同学们"文本设置双行合一，具体操作步骤如下：

图 6-47 中文版式列表

01 选中全体老师们全体同学们文本。

02 单击开始选项卡段落组中的中文版式按钮 ，打开中文版式列表，如图 6-47 所示。

03 在中文版式列表中选择双行合一选项，打开双行合一对话框，如图 6-48 所示。

04 在文字区域查看选中的文字是否正确，单击确定按钮。

05 选中双行合一的文字，在开始选项卡字体组中的字体列表中选择一号，则双行合一的效果如图 6-49 所示。

图 6-48 双行合一对话框

中国的教师节

我国历史上最早出现的教师节是 1931 年。当时，教育界知名教授邰爽秋、程其保 等，发起联络京、沪教育界人士，拟定每年 6 月 6 日为教师节，并发表《教师节宣言》，提出改善教师待遇、保障教师工作、增进教师修养三项目标。虽然，这个教师节的诞生当时的国民党政府没有承认，但在全国各地产生了一定影响。

1985 年 9 月 10 日，是新中国第一个教师节。1985 年举行的六届全国人大常委会第九次会议同意了国务院关于建立教师节的议案，决定每年的 9 月 10 日为教师节。教师节是一个感谢老师一年来教导的节日，不同国家规定的教师节时间不同。每年公历 9 月 10 日，是中国的教师节。

祝 全体老师们全体同学们 节日快乐！

图 6-49 设置双行合一的效果

教你一招

● ● ●

如果要删除双行合一的效果，可以先选中设置双行合一的文本，然后在双行合一对话框中单击删除按钮，即可取消双行合一的效果。

∷ 动手做 5 设置分栏与首字下沉

为班级周报设置分栏和首字下沉的具体操作步骤如下：

01 选中文字标题"中国的教师节"下面的正文内容。

02 单击页面布局选项卡页面设置组中的分栏按钮，在分栏列表中选择三栏。

03 将鼠标光标定位在文字标题"中国的教师节"下面的正文的第一段中。

04 单击插入选项卡文本组中的首字下沉按钮，在首字下沉下拉列表中选择下沉选项，则设置首字下沉和分栏的最终效果如图 6-50 所示。

∷ 动手做 6 添加页眉

为班级周报添加页眉的具体操作步骤如下：

01 将插入点定位在文档中。

02 单击插入选项卡页眉和页脚组中的页眉按钮，打开页眉下拉列表。

03 在列表中选择奥斯汀选项，进入页眉编辑状态，如图 6-51 所示。

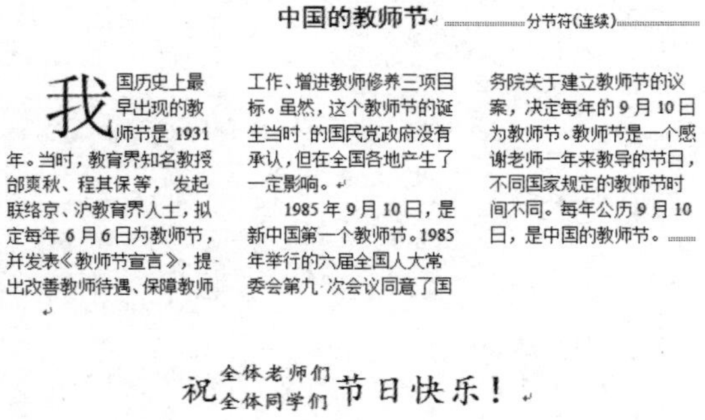

中国的教师节 .... 分节符(连续) ....

我 国历史上最
早出现的教
师节是 1931
年。当时，教育界知名教授
邰爽秋、程其保等，发起
联络京、沪教育界人士，拟
定每年 6 月 6 日为教师节，
并发表《教师节宣言》，提
出改善教师待遇、保障教师

工作、增进教师修养三项目
标。虽然，这个教师节的诞
生当时·国民党政府没有
承认，但在全国各地产生了
一定影响。
1985 年 9 月 10 日，是
新中国第一个教师节。1985
年举行的六届全国人大常
委会第九次会议同意了国

务院关于建立教师节的议
案，决定每年的 9 月 10 日
为教师节。教师节是一个感
谢老师一年来教导的节日，
不同国家规定的教师节时
间不同。每年公历 9 月 10
日，是中国的教师节。

祝 全体老师们
全体同学们 节日快乐！

图 6-50　设置首字下沉和分栏的效果

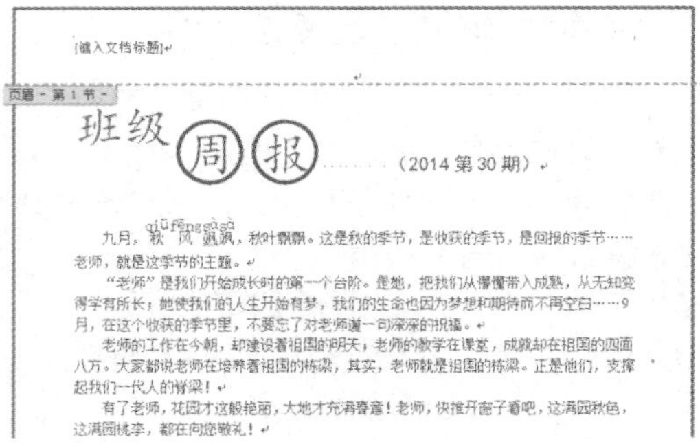

图 6-51　页眉编辑状态

04 单击键入文档标题然后输入"教师节特刊"，切换到开始选项卡。在字体组的字体列表中选择
楷体，在字号列表中选择 12 磅，单击加粗按钮；在段落组中单击右对齐按钮使标题右对齐。

05 选中页眉中的"教师节特刊"段落，单击开始选项卡段落组右下角的对话框启动器按钮，打开
段落对话框。在间距区域的段后文本框中选择或输入 0 磅，单击确定按钮。

06 单击设计选项卡关闭组中的关闭页眉页脚按钮，返回文档，设置页眉的效果如图 6-52 所示。

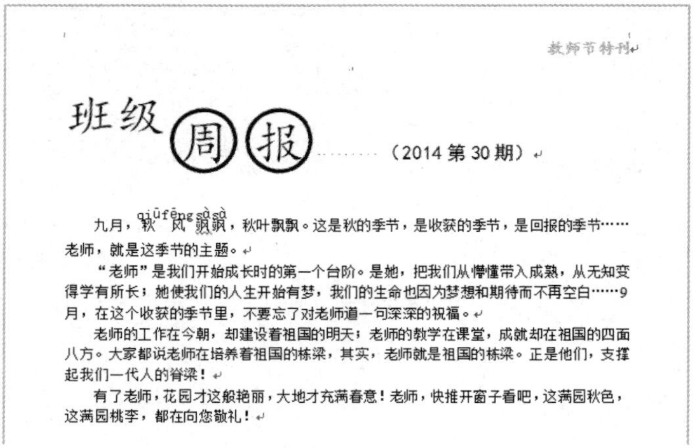

图 6-52　编辑页眉的效果

知识拓展

　　通过前面的任务主要学习了插入封面、设置分页与分节、分栏排版、首字下沉、添加页眉
和页脚、添加水印等操作，另外还有一些关于文档页面编排的操作在前面的任务中没有运用到，
下面就介绍一下。

▶ 动手做 1　平均每栏的内容

　　在对整篇文档或某一节文档进行分栏时往往会出现文档的最后一栏的正文不能排满，出现
一大片空白的情况。如图 6-53 所示的分栏后的文档就是这种情况，这样会影响文档的整体美观。
此时用户可以建立长度相等的栏，具体操作步骤如下：

01 将插入点定位在文档最后一段的结尾处。

02 单击页面布局选项卡页面设置组中的分隔符按钮，在分隔符下拉列表的分节符区域单击连续选项，插入连续分节符。此时将会平均栏宽，效果如图 6-54 所示。

图 6-53　平均每栏内容前的效果　　　　　　图 6-54　平均每栏内容后的效果

❖ 动手做 2　纵横混排

Word 2010 还提供了将字符横放的功能，如将"合"转置成"㐀"。该功能在制作某些特殊符号时很有用，例如可以将符号"▲"通过转置后获得符号"◀"。纵横混排文本的具体操作步骤如下：

01 选中要纵向排列的文本。

02 单击开始选项卡段落组中的中文版式按钮 ✕▾，打开中文版式列表。

03 在中文版式列表中选择纵横混排选项，打开纵横混排对话框，如图 6-55 所示。

04 单击确定按钮。

如果要删除纵横混排效果，首先选中纵排的文字，然后在纵横混排对话框中单击删除按钮，即可取消纵横混排的效果。

❖ 动手做 3　合并字符

合并字符是把选定的文本合并成一个字符，占用一个字符的空间。做了合并处理的字符在文档里就像单个字符一样，用鼠标单击就会选中所有的字符，按 Delete 键就会把所有合并的字符删除。

合并字符的具体操作步骤如下：

01 选中要设置合并字符的文本，注意不要超过 6 个字符。

02 单击开始选项卡段落组中的中文版式按钮 ✕▾，打开中文版式列表。

03 在中文版式列表中选择合并字符选项，打开合并字符对话框，如图 6-56 所示。

图 6-55　纵横混排对话框　　　　　　　　图 6-56　合并字符对话框

04 在字体下拉列表中选择要设置合并字符的字体。

05 在字号文本框中设置合并字符的字号。

06 单击确定按钮。

Word 2010案例教程

动手做 4 设置纸张方向

在 Word 文档中，纸张方向包括"纵向"和"横向"两种。用户可以根据页面版式要求选择合适的纸张方向。

切换到页面布局选项卡，在页面设置组中单击纸张方向按钮，然后在打开的纸张方向列表中选择横向或纵向类型的纸张，如图 6-57 所示。

图 6-57　设置纸张方向

动手做 5 设置页面边框

为了美化文档的页面可以为文档添加页面边框。可以为整篇文档的所有页添加边框，也可以为文档的个别页添加边框。

为文档添加页面边框的具体操作步骤如下：

01 将插入点定位在文档中。

02 切换到页面布局选项卡，在页面背景组中单击页面边框按钮，打开边框和底纹对话框，如图 6-58 所示。

03 在设置区域选择边框的类型，例如选择方框的页面边框类型。

04 用户可以在样式列表中或艺术型下拉列表中选择一种边框样式，例如这里选择如图 6-58 所示的艺术型边框。

05 在应用范围下拉列表中用户可以选择应用的范围。

06 单击确定按钮，为文档添加页面边框的效果如图 6-59 所示。

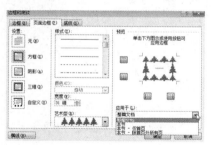

图 6-58　设置页面边框

图 6-59　设置页面边框的效果

动手做 6 添加行号

Word 2010 可以自动统计文档中的行数并在每个文本行旁边显示相应的编号。当用户需要引用文档中的特定行（如脚本或法律合同）时，此功能会非常有用。

默认情况下，Word 会对文档中的每行进行编号（表格、脚注、尾注、文本框以及页眉和页脚中的行除外）。在文档中一个表格将计为一行，一张图将计为一行，如果文本框嵌入在页面上的文本中，则一个文本框将计为一行。如果页面上的文字环绕在文本框周围，则会将页面上的文本行计算在内，文本框内的文本行将不计算在内。

在文档中用户可以向整个文档添加行号，在页面布局选项卡的页面设置组中，单击行号按钮，打开一个列表，如图 6-60 所示。

图 6-60　行号列表

在列表中用户可以执行下列操作：

● 若要对文档中的所有内容连续编号，单击连续选项。

● 若要在每页都从 1 开始编号，单击每页重编号选项。

● 若要在每个分节符后从 1 开始编号，单击每节重编号选项。

146

- 若要从整个文档或某个节中删除行号，单击无选项。
- 若要从单个段落中删除行号，单击禁止用于当前段落选项。

动手做 7 标尺与网格线的设置

"标尺"包括水平标尺和垂直标尺，用于显示 Word 文档的页边距、段落缩进、制表符等。在视图选项卡的显示组中选中或取消标尺复选框可以显示或隐藏标尺。

"网格线"能够帮助用户将 Word 文档中的图形、图像、文本框、艺术字等对象沿网格线对齐，并且在打印时网格线不被打印出来。在视图选项卡的显示组中选中或取消网格线复选框可以显示或隐藏网格线。

动手做 8 控制文档的显示比例

在 Word 2010 窗口中查看文档时，可以按照某种比例来放大或缩小显示的比例。放大显示时，可以看到比较清楚的文档内容，但是看到的内容相对就少了，通常用于修改细节数据或编辑较小的字体。相反，如果缩小显示比例，可以观察到的内容数量很多，但是文档的具体内容显示就不清晰了，通常用于整页快速浏览或排版时观察整个页面的布局。

在视图选项卡的显示比例组中可以选择单页、双页、页宽等选项。也可以在显示比例组中单击显示比例按钮，打开显示比例对话框，可以选择需要的文档显示比例，如图 6-61 所示。

另外，也可以在状态栏的右侧拖动显示比例滑块调整页面的显示比例。

动手做 9 页面垂直对齐

如果一篇文档的字数较少时，为了能够使打印效果更加美观，还可以将其设置为垂直居中的对齐方式，具体操作步骤如下：

01 将插入点定位在文档中的任意位置。

02 单击页面布局选项卡页面设置组右下角的对话框启动器按钮，打开页面设置对话框，选择版式选项卡，如图 6-62 所示。

图 6-61 显示比例对话框

图 6-62 设置段落的垂直对齐方式

03 在垂直对齐方式的下拉列表中选择一种对齐方式。

04 单击确定按钮。

动手做 10 文档的视图方式

Word 2010 提供了页面视图、Web 版式视图、阅读版式视图、大纲视图、草稿 5 种视图方式，用户可以选择最适合的工作方式来显示文档。例如，可以使用普通视图来输入、编辑文本；使用大纲视图来查看文档的组织结构；使用页面视图来查看打印效果等。

1. 页面视图

页面视图是 Word 最常用的视图，也是启动 Word 后的默认视图。在页面视图中，所显示的文档与打印出来的效果几乎是一样的，是一种所见即所得的方式。页面视图可以更好地显示排版的格式，因此常被用来对文本、格式、版面或者文档的外观进行修改等操作。

在页面视图方式下，还可以直接看到文档的外观及页眉和页脚、脚注、尾注、图形、文字在页面上的精确位置及多栏的排列，用户在屏幕上就可以直观地看到文档在打印纸上的效果。页面视图能够显示出水平标尺和垂直标尺，并直接显示页边距。

可以单击视图选项卡文档视图组中的页面视图按钮，或者单击状态栏右侧的页面视图按钮 切换到页面视图。

2. Web 版式视图

Web 版式视图以网页的形式显示 Word 文档，Web 版式视图适用于发送电子邮件和创建网页。可以在视图选项卡中单击文档视图组中的 Web 版式视图按钮，或者选择状态栏右侧的 Web 版式视图按钮 切换到 Web 版式视图。

3. 阅读版式视图

如果打开文档是为了进行阅读，阅读版式视图将优化阅读体验，增加文档的可读性，可以方便增大或减小文本显示区域的尺寸，而不会影响文档中的字体大小。可以在视图选项卡的文档视图组中单击阅读版式视图按钮，或者单击状态栏右侧的阅读版式视图按钮 切换到阅读版式视图，如图 6-63 所示。

图 6-63 阅读版式视图方式

在阅读版式视图中单击下一页按钮可以进入下一页，单击上一页按钮可以进入上一页，单击关闭按钮，可以退出阅读版式视图。

4. 大纲视图

在大纲视图中能查看文档的组织结构，可以通过拖动文档的标题来移动、复制、重新组织文本，还可以通过折叠文档来查看文档的主要标题，或者展开文档以查看标题下的正文。

大纲视图广泛用于 Word 长文档的快速浏览和设置中。在大纲视图中不显示页边距、页眉和页脚及背景。可以在视图选项卡的文档视图组中单击大纲视图按钮，或者单击状态栏右侧的大纲视图按钮 ▤ 切换到大纲视图。

5．草稿视图

草稿视图取消了页面边距、分栏、页眉页脚和图片等元素，仅显示标题和正文，是最节省屏幕版面的视图方式。可以在视图选项卡中单击文档视图组中的草稿命令，或者单击状态栏右侧的草稿按钮 ▤ 切换到草稿视图。

6．导航窗格

在视图选项卡中选中显示组中的导航窗格复选框，就可以将 Word 文档窗口分为两部分，左边的导航窗格中显示文档标题结构，右边显示文档的内容，如图 6-64 所示。

在导航窗格中以树状结构列出了文档的所有标题（只有使用了标题级别样式的标题才能够显示在文档标题结构窗格中），并清晰显示文档结构及各层标题之间的关系。它的用法类似于 Windows 的资源管理器，在文档导航窗格中单击某个标题，Word 会在右侧的编辑窗口中显示该标题下的内容。导航窗格常被用来查看文档的结构，或查找某个特定的标题。使用导航给编辑多层标题结构的文档提供了极大的便利。

在导航窗格和文档内容编辑区中还可以调整大小，将鼠标指针指向窗格之间的分割条，当指针变为双向箭头时，按住鼠标左键向左或向右拖动。如果某个标题太长，超出文档结构图窗格的宽度时，不必调整窗格大小，只要把鼠标指针在标题上稍微停留一下，就可以看到这个标题的内容。

在导航窗格中，可以显示文档的多级标题。标题左侧有"▷"时，表示该标题下还隐藏着下一级标题，单击"▷"可以展开标题的下一级子标题。标题左侧有"◢"时，表示该标题下的子标题已经全部显示。单击"◢"可以将该标题的下级标题折叠起来。在导航窗格中，还可以控制显示标题的级别。在导航窗格中单击鼠标右键，在快捷菜单中的"显示标题级别"子菜单中可以选择要显示的级别。

在导航窗格中如果单击"浏览您的文档中的页面"按钮 ▦ ，则在导航窗格中显示出文档的页面。单击相应的页面，在右侧编辑窗口中则显示出该页面的内容，如图 6-65 所示。

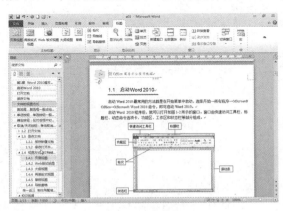

图 6-64 导航窗格

图 6-65 浏览文档中的页面

课后练习与指导

一、选择题

1. 关于分栏下列说法正确的是（　　）。
   A. 用户可以自定义栏的列数
   B. 对于系统预置的分栏，用户不能调整栏间距
   C. 用户可以在栏与栏之间添加分隔线
   D. 用户可以对整篇文档分栏，也可以对部分文本分栏

2. 关于页眉页脚下列说法正确的是（　　）。
   A. 在草稿视图方式下用户无法看到页眉和页脚
   B. 页眉和页脚与文档的正文处于相同的层次上，在编辑页眉时可以编辑文档的正文
   C. 在同一篇文档中用户可以设置多种页眉和页脚
   D. 在同一节中用户也可以设置不同的页眉和页脚

3. 下列关于视图方式的说法错误的是（　　）。
   A. 默认的视图方式是页面视图
   B. 草稿视图取消了页面边距、分栏、页眉页脚等元素，仅显示标题、正文和图片
   C. 在大纲视图中只显示标题，不显示正文
   D. 阅读版式视图可以方便增大或减小文本显示区域的尺寸，并且不会影响文档中的字体大小

4. 下列说法错误的是（　　）。
   A. 使用分节符也可将文档中的某些内容放置到下一页中
   B. 用户只能为段落开头的一个文字或字符设置首字下沉效果
   C. 用户可以将某一个图片设置为文档的水印
   D. 在合并字符后用户依然可以对合并字符中的单个字符进行单独的设置

二、填空题

1. 单击_____选项卡_____组中的"封面"按钮，用户可以在文档中插入封面。
2. 在"分隔符"下拉列表的"分节符类型"区域中提供了_____、_____、_____、_____4种分节符类型。
3. 在_____选项卡_____组中的"分栏"下拉列表中可以设置分栏。
4. 单击_____选项卡_____组中的"首字下沉"按钮，在下拉列表中可以设置首字下沉的格式。
5. 在_____选项卡的_____组中单击"页码"按钮，在下拉列表中用户可以选择页码的格式。
6. 在_____选项卡的_____组中单击"水印"按钮，在下拉列表中用户可以选择水印的样式。
7. 在_____选项卡，单击_____组中的_____按钮，打开"带圈字符"对话框。
8. 在_____选项卡，单击_____组中的_____按钮，打开"中文版式"列表。
9. 在_____选项卡，单击_____组中的_____按钮，打开"拼音指南"对话框。
10. 在_____选项卡_____组中选中或取消_____复选框可以显示或隐藏标尺。

三、简答题

1．在分隔符下拉列表中有哪些选项？
2．系统内置了哪几种分栏方式？
3．如何创建奇偶页不同、首页不同的页眉和页脚？
4．在文档中如何取消分栏文档？
5．如何为文档中的文字添加拼音？
6．文档的视图方式有哪几种？
7．纵横混排有哪些作用？如何进行操作？
8．如何在文档中插入页码？

四、实践题

制作如图 6-66 所示的文档。

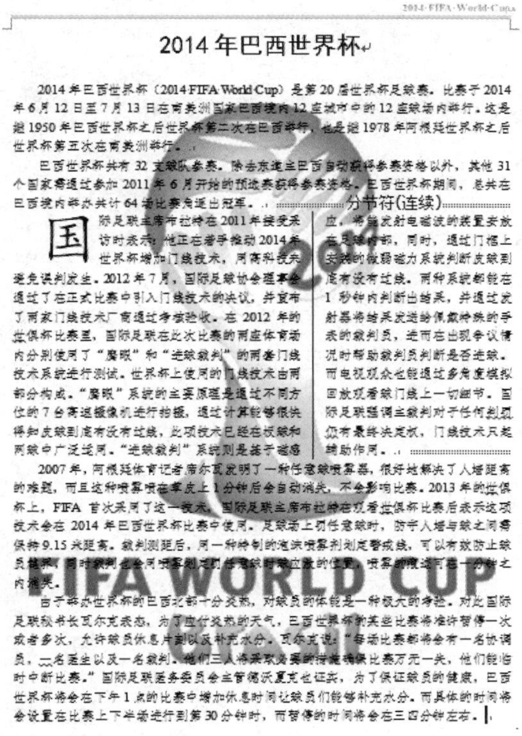

图 6-66 "2014 年巴西世界杯"文档的最终效果

1．按如图 6-66 所示设置页眉文字为"2014 FIFA World Cup"；对齐方式为右对齐；设置文本效果为"渐变填充-橙色，强调文字颜色 6，内部阴影"；为页眉添加下边框线线型为样式列表中的倒数第四种，颜色为"橙色，强调文字颜色 6"。

2．为第三段设置首字下沉效果，下沉行数为三行，字体为楷体。

3．为第三段进行分栏，样式位预设中的右，第一栏宽度为 25 字符，添加分隔线。

4．为文档添加图片水印效果，图片为案例与素材\模块 06\素材\2014 年巴西世界杯会徽

素材位置：案例与素材\模块 06\素材\ 2014 年巴西世界杯（初始）。

效果位置：案例与素材\模块 06\源文件\2014 年巴西世界杯。

模 块 07 长文档的处理技巧——制作公司规章制度

你知道吗？

在 Word 中可以创建任意长度的文档，甚至可以管理那些不同作者写出来的多个小文档（称为“子文档”）组成的长文档。Word 2010 专门设计了一些更适合用于管理长文档的功能，使用这些功能用户可以方便快捷地对长文档进行处理。

应用场景

人们平常在文档中会见到脚注尾注等，如图 7-1 所示，这些都可以利用 Word 2010 软件来制作。

制定完善、实用的规章制度是用人单位制度建设的一个环节，也是劳动专项服务的重要内容之一。为加强公司的规范化管理，促进公司发展壮大，提高积极效益，根据国家有关法律法规，公司需要制定一套完善的规章制度。

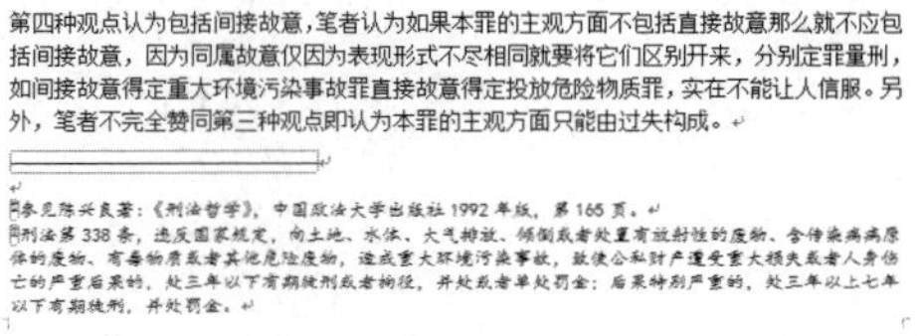

图 7-1 脚注

如图 7-2 所示，就是利用 Word 2010 制作的公司规章制度。请读者根据本模块所介绍的知识和技能，完成这一工作任务。

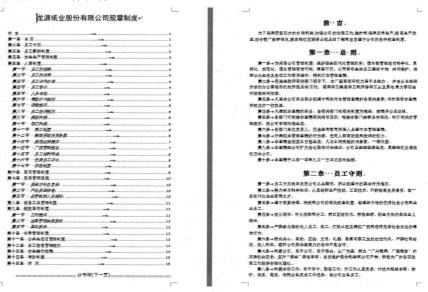

图 7-2 公司规章制度

相关文件模板

利用 Word 2010 软件的高级功能，还可以完成项目评估报告、毕业论文、广告策划书、劳动合同、员工手册等工作任务。为方便读者，本书在配套的资料包中提供了部分常用的文件模板，具体文件路径如图 7-3 所示。

▲ 📁 模块07
　📁 模板文件
　📁 素材
　📁 源文件

图 7-3　应用文件模板

背景知识

公司规章制度是为进一步深化企业管理，充分调动发挥公司员工的积极性和创造性，切实维护公司利益和保障员工的合法权益，结合《公司法》和《劳动法》等相关规定，建立的一套管理制度，可规范公司全体员工的行为和职业道德，促使公司从经验管理型模式向科学管理的模式转变。

公司规章制度涉及面很广，包括经营企业管理制度，财务管理制度，员工勤务管理制度等。公司在实际操作中，对于规章制度内容的设置要注意如下几个方面：合法合理，具有可操作性、完备性、逻辑性。

设计思路

在制作公司管理制度的过程中，首先在文档中应用样式来快速设置文档标题，然后在文档中插入注释，最后再将目录提取出来。制作公司管理制度的关键步骤可分解为：

01 应用样式。

02 为文档添加注释。

03 制作文档目录。

04 查找和替换文本。

项目任务 7-1　应用样式

样式是指一组已经命名的字符样式或者段落样式。每个样式都有唯一确定的名称，用户可以将一种样式应用于一个段落或段落中选定的部分字符之上，能够快速地完成段落或字符的格式编排，而不必逐个选择各种格式指令。

样式是存储在 Word 中的一组段落或字符的格式化指令，Word 2010 中的样式分为字符样式和段落样式：

● 字符样式是指用样式名称来标识字符格式的组合，只作用于段落中选定的字符，如果要突出段落中的部分字符，那么可以定义和使用字符样式，字符样式只包含字体、字形、字号、字符颜色等字符格式的信息。

● 段落样式是指用某一个样式名称保存的一套段落格式，一旦创建了某个段落样式，就可以为文档中的一个或几个段落应用该样式。段落样式包括段落格式、制表符、边框、图文框、编号、字符格式等信息。

⁂ 动手做 1　利用样式列表使用样式

Word 2010 的样式列表提供了方便使用样式的用户界面，在公司规章制度中使用样式的具体操作步骤如下：

01 打开"案例与素材\模块 07 \素材"文件夹中名称为"公司规章制度（初始）"文件，在文档中选中要应用样式的段落，这里选中第一页的"龙源纸业股份有限公司规章制度"。

02 单击开始选项卡样式组中样式列表右侧的下三角箭头，打开样式列表，如图 7-4 所示。

03 在样式列表中单击要点，应用样式后的效果如图 7-4 所示。

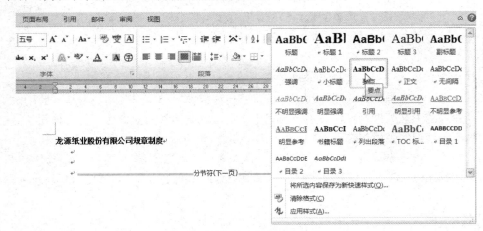

图 7-4　在样式列表中应用样式

04 选中"前言"段落，在样式列表中单击副标题。

05 双击开始选项卡剪贴板组中的格式刷，然后在文档中依次单击"第一章"、"第二章"等段落。

06 复制样式完毕，再次单击格式刷按钮。选中视图选项卡显示组中的导航窗格选项，则在导航窗格中可以看到应用样式的效果，如图 7-5 所示。

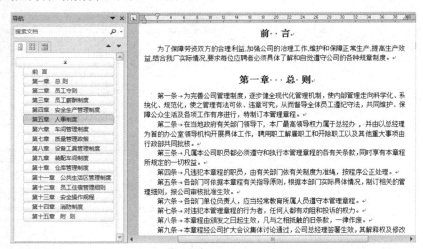

图 7-5　应用样式的效果

❖ 动手做 2　创建样式

Word 2010 提供了许多常用的样式，如正文、脚注、各级标题、索引、目录等。对于一般的文档来说这些内置样式能够满足工作需要，但在编辑一篇复杂的文档时这些内置的样式往往就不能满足用户的要求，用户可以自己定义新的样式来满足特殊排版格式的需要。

例如，在公司规章制度中创建一个小标题的新样式，其具体操作步骤如下：

01 单击开始选项卡样式组中右下角的对话框启动器按钮，打开样式任务窗格，在任务窗格中底端单击新建样式按钮，打开根据格式设置创建新样式对话框，如图 7-6 所示。

02 在属性区域的名称文本框中输入小标题；在样式类型的下拉列表中选择段落；在样式基准的下拉列表中选择正文；在后续段落样式的下拉列表中选择正文。

03 在格式区域的字体下拉列表中选择黑体，在字号下拉列表中选择四号。

04 单击格式按钮打开一个菜单，在菜单中选择段落命令，打开段落对话框，单击缩进和间距选项卡，如图 7-7 所示。

图 7-6　根据格式设置创建新样式对话框

图 7-7　段落对话框

05 在常规区域的大纲级别下拉列表中选择 3 级，在间距区域的段前文本框中选择或输入 0.5 行，在段后文本框中选择或输入 0.5 行。

06 单击确定按钮，返回到根据格式设置创建新样式对话框。

07 如果选中添加到快速样式列表复选框，则可将创建的样式添加到样式列表中。单击确定按钮，新创建的样式便出现在样式任务窗格中，如图 7-8 所示。

08 选中"第一节　质量方针及目标"段落，然后在任务窗格中单击新创建的小标题样式，应用小标题样式后的效果如图 7-9 所示。

09 按照相同的方法为其他的小节应用小标题样式，效果如图 7-9 所示。

图 7-8　新创建的小标题样式

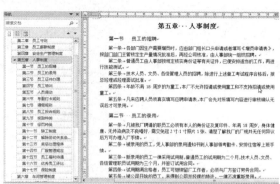

图 7-9　应用新创建样式的效果

提示

所谓样式基准，就是新建样式在基础上进行修改的样式，后继段落样式就是应用该段落样式后面的段落默认的样式。另外只有大纲级别的样式才能显示在导航窗格中，而正文级别的样式则不能显示在导航窗格中。

动手做 3　修改样式

如果对已有样式不满意还可以对其进行修改，对于内置样式和自定义样式都可以进行修改，修改样式后，Word 2010 会自动使文档中使用这一样式的文本格式进行相应的改变。

例如，这里对公司规章制度要点样式进行修改的具体操作步骤如下：

01　将鼠标光标定位在"龙源纸业股份有限公司规章制度"段落中。

02　单击开始选项卡样式组中样式列表右侧的下三角箭头，打开样式列表。在样式列表中显示该段落应用的样式为要点。

03　在样式要点上单击鼠标右键，打开一个快捷菜单，如图 7-10 所示。

04　在快捷菜单中单击修改选项，打开修改样式对话框，如图 7-11 所示。

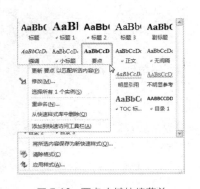

图 7-10　要点右键快捷菜单

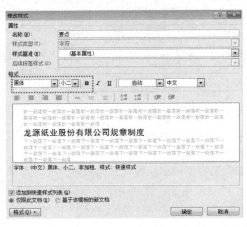

图 7-11　修改样式对话框

05　在格式区域中的字体下拉列表中选择黑体，在字号下拉列表中选择小二号，取消加粗按钮的选中状态，单击确定按钮。

06　在开始选项卡的段落组中单击居中按钮，则要点样式的格式被修改，要点样式的效果如图 7-12 所示。

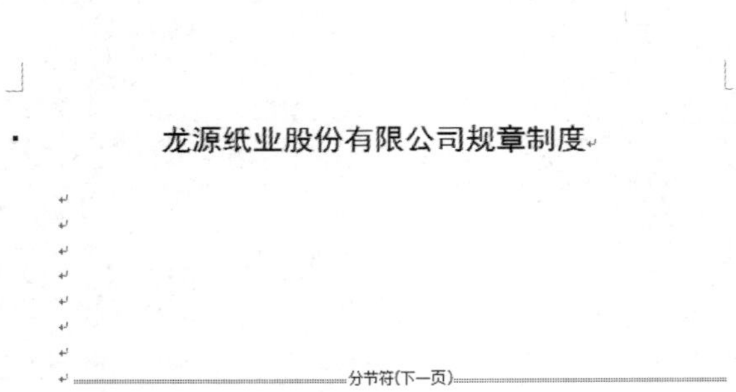

龙源纸业股份有限公司规章制度

分节符(下一页)

图 7-12　修改样式后的效果

项目任务 7-2 为文档添加注释

注释是对文档中个别术语的进一步说明，以便在不打断文章连续性的前提下把问题描述得更清楚。注释由两部分组成：注释标记和注释正文。注释一般分为脚注和尾注，一般情况下脚注出现在每页的末尾，尾注出现在文档的末尾。

❖ 动手做 1 插入脚注

在 Word 2010 中可以很方便地为文档添加脚注和尾注。例如，这里为公司规章制度中的《安全操作规程》插入脚注，具体操作步骤如下：

01 找到《安全操作规程》文本并将插入点定位在其后。

02 单击引用选项卡脚注组的插入脚注按钮，即可在插入点处插入注释标记，此时鼠标指针自动跳转至脚注编辑区，在编辑区中对脚注进行编辑，编辑脚注的效果如图 7-13 所示。

教你一招

单击引用选项卡脚注组右下角的对话框启动器按钮，打开脚注和尾注对话框，如图 7-14 所示。在对话框中可以对脚注或尾注的编号格式进行设置。

第一条→贯彻"安全为了生产，生产必须安全"的预防方针，认真遵守各项安全生产规则。

第二条→各部门应根据本部门所使用的机械设备性能，操作使用方法，制订出安全操作规程，供操作者安全指南。

第三条→学徒应在师傅、新工应在组长的指导下，依照《安全操作规程》操作机电设备和危险工种。

第四条→作业员应严格学习、遵守本部门有关安全细则，并做好日常保养维护工作，确保机械安全性能正常稳定。

第五条→非机电操作人员，不准私自使用机电设备；非专业机电维修人员，严禁私自拆卸、安装机电设备。

第六条→危险机电设备或工种，必须经培训熟悉本岗位机电设备性能和本工种安全规程后，方可独立上岗作业。

第七条→各机电操作者在作业前，要检查机电设备运转是否正常，各种保险设施是否齐整牢固，确认正常方可作业。

第八条→机电设备出现故障时，应立即关闭电源，并报部门负责人及时维修，禁止使用带故障的机械设备。

第九条→严禁安排带有妨碍安全性疾病的人员从事机电操作作业、酒后人员及过度疲劳者、精力不集中的状况下操作机电设备。

第十条→严禁任何人或单位私自拆卸、破坏各种安全标识和其它安全设施。

第十一条 → 各部门机电设备应制订安全检查制度，指定安全维护人员和实行安全监护责任人制度。

本公司《安全操作规程》分为两种，一种是《生产车间安全操作规程》一种是《锅炉房安全操作规程》

图 7-13 插入脚注的效果

图 7-14 脚注和尾注对话框

❖ 动手做 2 查看和修改脚注或尾注

如果要查看脚注或尾注，只要把鼠标指向要查看的脚注或尾注的注释标记，页面中就会出现一个显示注释文本内容的文本框，如图 7-15 所示。

修改脚注或尾注的注释文本需要在脚注或尾注区进行，单击引用选项卡脚注组中的显示备注按钮，打开显示备注对话框，如图 7-16 所示。选择是查看脚注还是尾注，即会显示当前鼠标光标所在位置以下的第一个脚注或尾注。用户也可以单击下一条脚注按钮，在打开的列表中可以选择查看的是上一条脚注或尾注还是下一条脚注或尾注。鼠标光标将自动进入相应的脚注或尾注区，然后可以进行修改。

第四章··· 安全生产管理制度

第一条→贯彻"安全为了生产，生产必须安全"的预防方针，认真遵守各项安全生产规则。

第二条→各部门应根据本部门所使用的机械设备性能，操作使用方法，制订规程，供操作者安全指南。

第三条→学徒应在师傅、新工应在组长的指导下，依照《安全操作规程》操作机电设备和危险工种。

第四条→作业员应严格学习、遵守本部门有关安全细则，并做好日常保养维护工作，确保机械安全性能正常稳定。

第五条→非机电操作人员，不准私自使用机电设备；非专业机电维修人员，严禁私自拆卸、安装机电设备。

第六条→危险机电设备或工种，必须经培训熟悉本岗位机电设备性能和本工种安全规程后，方可独立上岗作业。

图 7-15　显示脚注提示　　　　　　　　　　图 7-16　显示备注对话框

提示

如果文档中只包含脚注或尾注，单击引用选项卡脚注组的显示备注按钮后即可直接进入脚注区或尾注区。

※ 动手做 3　删除脚注或尾注

删除脚注或尾注时只要选定需要删除的脚注或尾注的注释标记，然后按 Delete 键即可，此时脚注或尾注区域的注释文本也同时被删除。进行移动或删除操作后 Word 2010 会自动重新调整脚注或尾注的编号。例如，删除了编号为 1 的脚注，无须手动调整编号，Word 2010 会自动将后面的所有脚注的编号都前移一位。

项目任务 7-3　制作文档目录

制作文档目录的首要前提是在文档中应用一些标题样式，在编制目录时，Word 2010 将搜索带有指定样式的标题，按照标题级别排序，引用页码，然后在文档中显示目录，而且还具有自动编制目录的功能。编制目录后，可以利用它按住 Ctrl 键单击鼠标，即可跳转到文档中的相应标题。

※ 动手做 1　提取目录

这里将公司规章制度的目录提取出来，具体操作步骤如下：

01 将插入点定位在要插入目录的位置，这里定位在"龙源纸业股份有限公司规章制度"标题下面。

02 单击引用选项卡目录组中的目录按钮，打开内置目录下拉列表，如图 7-17 所示。用户可以在列表中选择一种内置的目录样式即可。

03 在内置目录下拉列表中单击插入目录选项，打开如图 7-18 所示的目录对话框。

04 在显示级别文本框中选择或输入目录显示的级别为 3 级。

05 在格式下拉列表中选择一种目录格式，例如，选择来自模板选项，可以在打印预览框中看到该格式的目录效果。

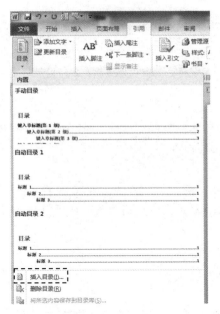

图 7-17　内置目录下拉列表

图 7-18　目录对话框

06 选中显示页码复选框，在目录的每个标题后面都显示页码。

07 选中页码右齐复选框，使目录中的页码居右对齐。

08 在制表符前导符下拉列表中指定标题与页码之间的分隔符为点下画线。

09 单击确定按钮，提取的目录如图 7-19 所示。

∷ 动手做 2　更新目录

用户在提取目录后，如果对文档进行了修改，比如改变了文档页码或文档标题，这样再按照目录中的页码进行查找，势必会产生误差，因此需要更新目录。具体操作步骤如下：

01 选中需要更新的目录，被选中的目录发暗。

图 7-19　提取出的目录

02 单击引用选项卡目录组中的更新目录按钮，如图 7-20 所示，打开更新目录对话框，如图 7-21 所示。

图 7-20　单击更新目录按钮

图 7-21　更新目录对话框

03 如果选中只更新页码单选按钮，则只更新目录中的页码，保留原目录格式；如果选中更新整个目录单选按钮，则重新编辑更新后的目录。这里只需选中只更新页码单选按钮。

04 单击确定按钮，系统将对目录进行更新。

Word 2010 案例教程

 教你一招

　　选中提取的目录，按 Ctrl+Shift+F9 组合键则可以将目录转换为普通文本，目录转换为普通文本后将无法进行跳转和更新的操作。

项目任务 7-4　查找和替换文本

　　在一篇比较长的文档中查找某些字词是一项非常艰巨的任务，Word 2010 提供的查找功能可以帮助用户快速查找所需内容，如果需要对多处相同的文本进行修改时还可以利用替换功能快速对文档中的内容进行修改。

动手做 1　查找文本

　　在公司规章制度文档中进行查找文本的具体操作步骤如下：

01 将插入点定位在文档中的任意位置。

02 单击开始选项卡编辑组中的查找按钮，或者按组合键 Ctrl+F，在文档的左侧打开导航窗格，如图 7-22 所示。

03 在导航窗格上方的文本框中输入要查找的文本，如输入考亥，按下搜索按钮或按下 Enter 键则在文档中以黄色底纹的方式标识出查找到的文本，如图 7-22 所示。

04 单击窗格上的下一处搜索结果按钮 ▼，或上一处搜索结果按钮 ▲，则可以查看在下一处或上一处搜索到的结果。

动手做 2　替换文本

　　很明显刚才查找到的"考亥"是错别字，可以用替换功能将其替换为"考核"，在文档中执行替换操作的具体步骤如下：

01 将插入点定位在文档中的任意位置。

02 单击开始选项卡编辑组中的替换按钮，或者按组合键 Ctrl+H，打开查找和替换对话框，选择替换选项卡，如图 7-23 所示。

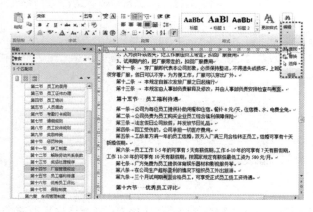

图 7-22　查找文本

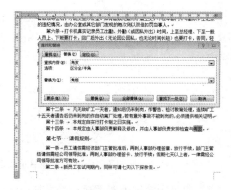

图 7-23　在文档中执行替换操作

03 在查找内容文本框中输入要替换的内容"考亥",在替换为文本框中输入要替换成的内容"考核"。

04 单击查找下一处按钮,系统从插入点处开始向下查找,查找到的内容会以选中形式显示在屏幕上。

05 单击替换按钮将会把该处的"考亥"替换成"考核",并且系统继续查找。如果查找的内容不是需要替换的内容,可以单击查找下一处按钮继续查找。

06 如果单击全部替换按钮,则将文档中所有查找到的文本全部替换。

07 替换完毕,单击关闭按钮关闭对话框。

项目拓展——制作培训教材

培训教材一般是由培训课程设计和开发负责人根据教学大纲和实际需要组织教师或专家编写的有关教材。利用 Word 2010 制作培训教材大纲的效果如图 7-24 所示。

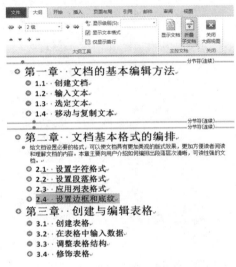

图 7-24　培训教材大纲

设计思路

在制作培训教材的过程中,可以首先用大纲视图来组织文档的大纲目录,然后再对教材进行编辑,制作培训教材的关键步骤可分解为:

01 使用大纲视图组织文档。

02 使用主控文档。

03 添加题注。

04 添加交叉引用。

05 应用书签。

❯❯ 动手做 1　使用大纲视图组织文档

大纲视图最适合编写和修改具有多层标题的文档,使用"大纲视图"不仅可以直接编写文档标题、修改文档大纲，还可以很方便地重新组织一个已经存在的文档。

大纲视图提供了一种强有力的方法来查看文档的结构及重新安排文档中标题的次序，但前提是必须使用特定的样式把文档组织成一个由主标题和子标题构成的层次结构。

使用大纲视图组织文档的具体操作步骤如下：

01 创建一个新的文档，在视图选项卡文档视图组中单击大纲视图选项切换到大纲视图。

02 在输入第一个文档标题时默认是一级标题，按 Enter 键换行依次输入培训教材的一级标题，如图 7-25 所示。

03 将鼠标定位在"第一章　文档的编辑方法"后面，按 Enter 键换行。在大纲选项卡的大纲工具组中单击降级 ➡ 按钮，或单击级别 1 级 ▾ 选项，在列表中选择相应的大纲级别。

04 输入文档的二级标题，按 Enter 键换行依次输入培训教材的二级标题，输入二级标题的效果如图 7-26 所示。

图 7-25　输入培训教材的一级标题

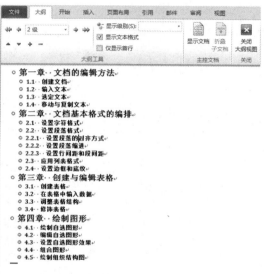

图 7-26　在培训教材中输入二级标题的效果

05 在二级标题中，"设置段落格式"标题下面的"2.2.1　设置段落的对齐方式"、"2.2.2　设置段落缩进"、"2.2.3　设置行间距和段间距"三个标题明显属于"设置段落格式"标题的下一级标题，在输入时输入了同一级别。选中 2.2.1、2.2.2、2.2.3 三个标题，在大纲选项卡的大纲工具组中单击降级 ➡ 按钮，或单击级别 1 级 ▾ 选项，在列表中选择相应的大纲级别，则选中的标题级别下降，效果如图 7-27 所示。

教你一招

在大纲视图中移动或复制标题时，可以将该标题下的所有下级标题及正文文本一起移动或复制，这使得重新安排各级标题的次序变得十分方便。将鼠标光标移到一个标题前的加号 ➕ 上，当鼠标变成 ✥ 状时，按住鼠标向上或向下拖动该标题，拖动时会出现一条水平线，如图 7-28 所示。拖动鼠标到合适位置时松开，此时该标题以及该标题下面的所有内容均被移到新的位置。用户也可选中标题，然后单击大纲工具组中的上移按钮 ▲ 或下移按钮 ▼ 来上下移动标题及其下面的内容。

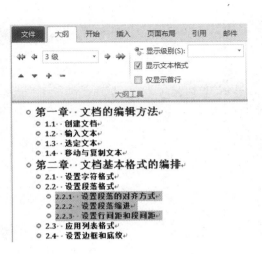

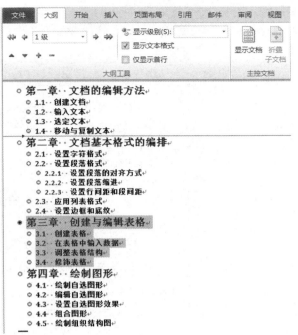

图 7-27　降低标题级别　　　　　　　　　　　图 7-28　移动标题

动手做 2　使用主控文档

一篇长文档经常由若干部分构成，例如，一本书可能由多个章和节组成，这些不同的章或节可能是由不同的编者编辑的。这种情况下很可能会出现风格与格式上的不一致或内容上的重复。使用主控文档可以把一本书的所有章、节组合成一个文档，用户可以统一设置该书的章、节标题格式，以及正文、题注、交叉引用等格式。

用户可以在开始创建文档时，直接将文档创建为主控文档。即首先创建一个新的主控文档，并创建出文档的标题，然后将这些标题分配给若干个子文档。

例如，将前面创建的大纲文档作为主控文档，然后将各章标题分配为子文档，其具体操作步骤如下：

01　选中第一章标题及下面的所有小标题。

02　在大纲选项卡主控文档组中单击显示文档选项，使其处于选中状态。在主控文档组中单击创建按钮，则该标题被设置为一个子文档，这个标题的样式成为子文档的起始标题样式。Word 用一个虚线框来标识该子文档，以区别主文档中的内容和其他子文档，如图 7-29 所示。

03　单击快速访问栏上的保存按钮，Word 将自动保存主控文档和所有创建的子文档，并且以子文档的第一行文本作为子文档的文件名。

04　单击主控文档组中的折叠子文档选项，则每个子文档都处于折叠状态，并且以超级链接的形式显示文档的名称，如图 7-30 所示。

05　将鼠标光标移至要进行编辑的子文档前面的图标 📰 上，双击该图标，系统将单独打开这个子文档，用户可以像编辑一般文档一样对子文档进行编辑操作。在子文档上编辑的内容在主控文档中也会反映出来，当然在主文档上编辑的内容在子文档中也会反映出来。

06　在主控文档中选中一个子文档，单击主控文档组中的取消链接选项，这时该子文档的内容被复制到主控文档中，成为主控文档的一部分。此时该子文档与主控文档断开了链接，修改子文档的内容将不会再反映在主控文档中。

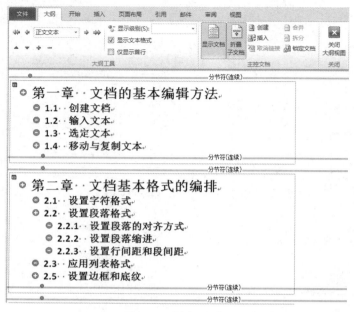

图 7-29　创建子文档

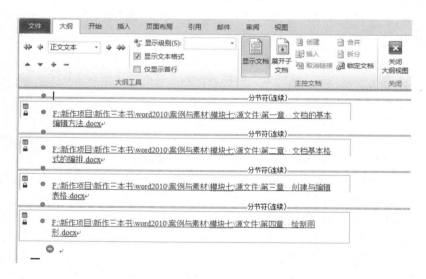

图 7-30　折叠子文档

教你一招

　　在编辑子文档时，用户也可以直接在计算机中打开相应的子文档。在操作主控文档时不要轻易删除分节符。否则可能会将不同文档合并在一起并且产生无法想象的结果。如果子文档包含想要合并的节，打开它将分节符删除。

⚙ 动手做 3 添加题注

题注就是为图形、表格或其他项目添加的编号标签，并且 Word 还可以自动地调整题注的编号。

例如，在编辑培训教材时需要插入图片，此时用户可以使用添加题注的方法为图片添加编号，具体操作步骤如下：

01 在文档中选中要添加题注的第一张图片。

02 在引用选项卡题注组中单击插入题注选项，打开题注对话框，如图 7-31 所示。

03 单击新建标签按钮，打开新建标签对话框，如图 7-32 所示。在对话框中输入标签图1-，单击确定按钮，返回题注对话框。

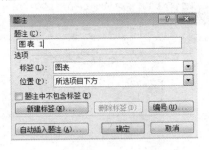

图 7-31 题注对话框

图 7-32 新建标签对话框

04 单击编号按钮，打开题注编号对话框，在格式列表中选择数字格式，如图 7-33 所示。单击确定按钮，返回题注对话框。

05 在位置列表中选择所选项目下方选项，单击确定按钮，添加题注后的效果如图 7-34 所示。

图 7-33 题注编号对话框

图 7-34 添加题注的效果

06 按照相同的方法为教材中的图片添加题注，为图片添加题注时，系统会自动为图片编号。

⚙ 动手做 4 添加交叉引用

在一篇较长的文档中，不同的地方可能需要相互引用，也可能需要多次引用同一内容，如后面引用前面已论述的观点，或在前面使用"详见某章某节"来指定引用的内容等，这都需要

Word 2010 案例教程

使用 Word 2010 提供的交叉引用功能。

例如，在培训教材中为图片的题注添加交叉引用的具体操作步骤如下：

01 将插入点定位在要添加交叉引用的位置处，这里定位在第一张图片上面步骤中"如所示"文本"如"的后面

02 单击引用选项卡题注组中的交叉引用选项，打开交叉引用对话框，如图 7-35 所示。

03 在引用类型下拉列表中选择图 1-，在引用内容列表中选择整项题注。

04 选中插入超链接复选框，在引用哪一个题注列表中选择图 1-1。

05 单击插入按钮，此时的取消按钮变为关闭按钮。

06 单击关闭按钮，在文档中添加交叉引用的效果如图 7-36 所示。

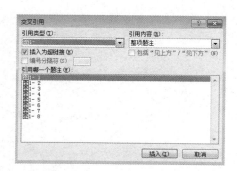

图 7-35　交叉引用对话框

图 7-36　在文档中添加交叉引用后的效果

提示

在文档中添加的交叉引用其实是以域的方式插入到文档中的。它可以为用户提供快速的跳转功能，用户只要将鼠标指向它，就会出现一个屏幕提示，根据提示按住 Ctrl 键，单击鼠标就可以跳转到引用的位置。

动手做 5　应用书签

Word 2010 的书签是为了进行引用而命名的位置或选定的文本。Word 2010 以指定的名称标记这个位置或选定的文本。用户可以用书签在文档中跳转到特定的位置，书签不显示在屏幕上，也不能打印出来。

例如，在培训教材中为各节的标题应用书签，其具体操作步骤如下：

01 将插入点定位在第一节标题的后面。

02 单击插入选项卡链接组中的书签选项，打开书签对话框，如图 7-37 所示。

03 在对话框的书签名文本框中输入新建立的书签名"第二章第 1 节"。

04 单击添加按钮，书签将被添加到文档中，按照相同的方法为文档中的其他节创建书签。

05 插入书签的目的是定位文档，单击开始选项卡中的编辑按钮，在编辑列表中单击查找右侧的下三角箭头，在查找列表中选择转到选项，或是直接按 F5 键，打开查找和替换对话框。

06 在定位目标列表中选择书签。

07 在请输入书签名称文本框中输入要定位的书签，如选择或输入"第二章第 3 节"，如图 7-38 所示。

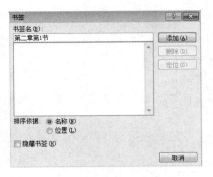

图 7-37　书签对话框

图 7-38　定位书签

08 单击定位按钮，即可将插入点定位到书签所在的位置。

提示

　　书签名中可以出现字母、数字、下画线、汉字等，但必须以字母或汉字开头。在书签对话框的书签名称列表中选中一个书签，单击定位按钮，即可将插入点定位到书签所在位置，单击删除按钮，则可删除选中的书签。

知识拓展

　　通过前面的任务主要学习了应用样式、添加注释、提取目录、更新目录、查找与替换等操作。另外，还有一些操作在前面的任务中没有运用到，下面就介绍一下。

动手做 1　移动脚注和尾注

　　如果不小心把脚注或尾注插错了位置，可以使用移动脚注或尾注位置的方法来改变其位置。移动脚注或尾注只需用鼠标选定要移动的脚注或尾注的注释标记，并将它拖动到所需的位置即可。

动手做 2　删除样式

　　用户不常用的样式是没必要保留的，在删除样式时，系统内置的样式无法删除，只有用户自己创建的样式才可以被删除。删除样式的具体操作步骤如下：

01 单击开始选项卡样式组中右下角的对话框启动器按钮，打开样式任务窗格。

02 在样式任务窗格的列表中选中要删除的样式，单击鼠标右键，在下拉菜单中选择删除命令，如图 7-39 所示。

03 在出现的警告对话框中，单击是按钮，选中的样式将从样式列表中删除。

图 7-39　删除样式

动手做 3　键入时自动套用格式

　　在前面制作培训教材的大纲时，用户输入"第一章　文本的编辑方法"后按 Enter 键，会发现在下一段出现"第二章"字样，这是系统自动套用了列表格式的效果。出现这种情况时，用户要结束编号列表，可以按两次 Enter 键。

另外，用户在文档中输入一个网址时，系统也会自动为网址添加链接样式，这也是自动套用格式的效果。

用户可以对自动套用格式功能进行设置，使自动套用格式功能更符合自己制作文档的需要，具体操作步骤如下：

01 在 Word 2010 文档中单击文件选项卡，在文件列表中单击选项选项，打开 Word 选项对话框，如图 7-40 所示。

图 7-40　Word 选项对话框

02 在左侧的列表中单击校对选项，在右侧的自动更正选项区域单击自动更正选项按钮，打开自动更正对话框，单击键入时自动套用格式选项卡，如图 7-41 所示。

03 在对话框中用户可以取消和选中相关选项，单击确定按钮。

∷ 动手做 4　统计文档的字数

Word 2010 自动跟踪和保存文档的大量信息，当一篇文档编辑好后，用户可以统计文档的某一段或全文的页数、字数、段落数及行数。

统计文档信息的具体操作步骤如下：

01 选中要统计的文本，如果将插入点定位到文档中，则表示要统计整个文档的文本。

02 在审阅选项卡校对组中单击字数统计选项，打开字数统计对话框，如图 7-42 所示。

03 在对话框的统计信息区域列出了对文档的统计情况。

04 查看完毕，单击关闭按钮，返回文档。

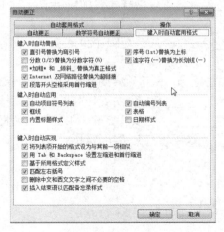

图 7-41 自动更正对话框

图 7-42 字数统计对话框

 ## 课后练习与指导

一、选择题

1. 在（　　　）选项卡用户可以为文本插入脚注。

　　A．引用　　　　　　　　B．脚注和尾注　　　　C．视图　　　　　　　D．页面布局

2. 下列关于样式的说法正确的是（　　　）。

　　A．样式分为字符样式和段落样式

　　B．用户可以删除样式列表中的所有样式

　　C．在段落上应用了某个样式后，将无法再对该段落进行格式的设置

　　D．用户可以对样式列表中的所有样式进行修改

3. 下列关于文档中目录的说法正确的是（　　　）。

　　A．只有在文档中应用了一些标题样式后才能在文档中提取出目录

　　B．目录被转换为普通文本后不能再进行更新

　　C．在提取目录时用户可以选择提取目录的级别

　　D．在提取目录后，如果对文档进行了修改则目录会自动更新

4. 按组合键（　　　）可以打开"查找和替换"对话框。

　　A．Ctrl+G　　　　　B．Ctrl+H　　　　　C．Ctrl+P　　　　　D．Ctrl+D

5. 下列说法错误的是（　　　）。

　　A．使用大纲视图只能编辑文档的大纲标题，无法编辑文档的正文

　　B．在移动脚注后，Word 2010 会自动重新调整脚注的编号

　　C．把鼠标光标指向要查看的脚注注释标记，在出现的一个文本框中可以编辑注释文本

　　D．在创建主控文档后，用户可以在子文档中进行编辑，也可以在主控文档中进行编辑

二、填空题

1. 字符样式是指用样式名称来标识＿＿＿＿＿＿，段落样式是指用某一个样式名称＿＿＿＿＿＿。

2. 在"开始"选项卡＿＿＿＿＿＿组的"样式"列表中可以设置样式。

3．所谓样式基准，就是_____，后继段落样式就是应用该段落样式后面的段落_____。

4．注释由两部分组成：_____和_____。注释一般分为脚注和尾注，一般情况下脚注出现在_____，尾注出现在_____。

5．编制目录后，可以利用它按住_____键单击鼠标，即可跳转到文档中的相应标题。

6．单击在_____选项卡_____组中的_____选项，打开"题注"对话框。

7．单击在_____选项卡_____组中的_____选项，打开"书签"对话框。

8．在_____选项卡_____组中单击_____选项，打开"字数统计"对话框。

三、简答题

1．应用样式有哪些方法？

2．如何在文档中插入脚注？

3．如何更新提取的目录？

4．在文档中如何插入书签？如何利用书签定位文档？

5．如何修改样式？

6．在文档中如何快速查找文本？

7．如何统计文档的字数？

8．简述使用主控文档的方法。

四、实践题

为培训教材文档的标题应用标题样式并提取目录，效果如图 7-43 所示。

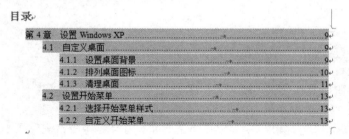

图 7-43　培训教材目录

1．为"第 4 章　设置 Windows XP"应用"标题 1"样式；为"4.1　自定义桌面"和"4.2　设置开始菜单"应用"标题 2"样式；为"4.1　自定义桌面"和"4.2　设置开始菜单"下面的小节标题应用"标题 3"样式。

2．修改"标题 3"样式的字体为"楷体"，字号为"小四"，颜色为"蓝色"。

3．为"第 4 章　设置 Windows XP"插入脚注"摘自电子工业出版社出版的 Windows XP 案例教程"。

4．提取目录，目录样式为内置中的"自动目录 2"。

素材位置：案例与素材\模块 07 \素材\设置 Windows XP（初始）。

效果位置：案例与素材\模块 07 \源文件\设置 Windows XP。

模块 08 邮件合并——制作工作证

你知道吗？

在文字信息处理实际工作中，经常会遇到处理大量日常报表、信件及邀请函，尤其是各类学校一年一度的新生录取通知书的制作任务。这些报表、信件和录取通知书，其主要内容又基本相同，只是具体数据有所变化。为了减少重复工作，提高办公效率，利用 Word 2010 提供的“邮件合并”功能会收到意想不到的效果。

应用场景

人们平常所见的邀请函、成绩通知单等文档，如图 8-1 所示，这些都可以利用 Word 2010 软件的邮件合并功能来制作。

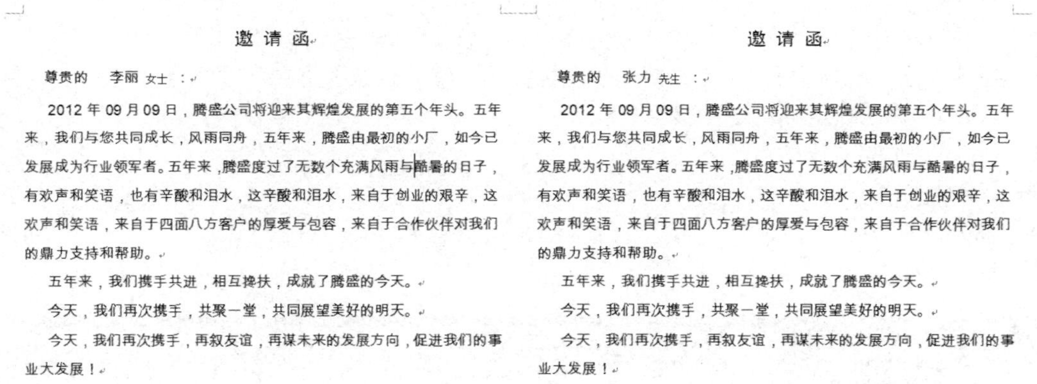

邀 请 函

尊贵的 李丽 女士 ：

2012 年 09 月 09 日，腾盛公司将迎来其辉煌发展的第五个年头。五年来，我们与您共同成长，风雨同舟，五年来，腾盛由最初的小厂，如今已发展成为行业领军者。五年来，腾盛度过了无数个充满风雨与酷暑的日子，有欢声和笑语，也有辛酸和泪水，这辛酸和泪水，来自于创业的艰辛，这欢声和笑语，来自于四面八方客户的厚爱与包容，来自于合作伙伴对我们的鼎力支持和帮助。

五年来，我们携手共进，相互搀扶，成就了腾盛的今天。

今天，我们再次携手，共聚一堂，共同展望美好的明天。

今天，我们再次携手，再叙友谊，再谋未来的发展方向，促进我们的事业大发展！

邀 请 函

尊贵的 张力 先生 ：

2012 年 09 月 09 日，腾盛公司将迎来其辉煌发展的第五个年头。五年来，我们与您共同成长，风雨同舟，五年来，腾盛由最初的小厂，如今已发展成为行业领军者。五年来，腾盛度过了无数个充满风雨与酷暑的日子，有欢声和笑语，也有辛酸和泪水，这辛酸和泪水，来自于创业的艰辛，这欢声和笑语，来自于四面八方客户的厚爱与包容，来自于合作伙伴对我们的鼎力支持和帮助。

五年来，我们携手共进，相互搀扶，成就了腾盛的今天。

今天，我们再次携手，共聚一堂，共同展望美好的明天。

今天，我们再次携手，再叙友谊，再谋未来的发展方向，促进我们的事业大发展！

图 8-1　邀请函

工作证表示一个人在某单位工作的证件，包括省市县等机关单位和企事业单位等，主要表明某人在某单位工作的凭证，是公司形象和认证的一种标志。

为了方便发放工作证，特利用 Word 2010 的邮件合并功能制作了如图 8-2 所示的工作证。请读者根据本模块所介绍的知识和技能完成这一工作任务。

相关文件模板

利用 Word 2010 软件的邮件合并功能，还可以完成商务邀请函、学校邀请函、面试通知单、参赛证、录用函等工作任务。为了方便读者，本书在配套的资料包中提供了部分常用的文件模板，具体文件路径如图 8-3 所示。

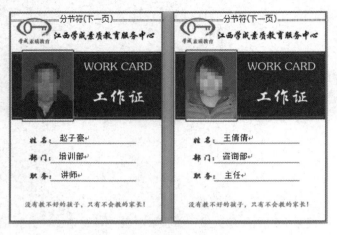

图 8-2　工作证

图 8-3　应用文件模板

背景知识

工作证是公司或单位组织成员的证件，加入工作后才能申请发放。工作证是固定形式，证是正式成员工作体现的象征证明，有了工作证就代表正式成为某个公司或单位组织的正式成员。

工作证卡标准尺寸是 54 毫米 × 85.5 毫米（也是卡的国际标准），大一点有 70 毫米 × 100毫米，现在每个单位（公司）可以根据自身需要定制工作证尺寸的大小，以便随身携带。

设计思路

在制作工作证的过程中，首先要创建主控文档，然后创建数据源、插入合并域，最后合并输出文档，制作工作证的关键步骤可分解为：

01 制作主文档。

02 创建数据源。

03 插入合并字段。

04 合并文档。

项目任务 8-1　邮件合并概述

邮件合并思想是首先建立两个文档：一个主文档，它包括报表、信件或录取通知书共有的内容；另一个是数据源，它包含需要变化的信息，如姓名、地址等。然后利用 Word 提供的邮件合并功能，即在主文档中需要加入变化的信息的地方插入称为合并域的特殊指令，指示 Word在何处打印数据源中的信息，以便将两者结合起来。这样 Word 便能够从数据源中将相应的信息插入到主文档中。

关于邮件合并过程中的基本概念有：

● 主文档：所谓主文档，就是所含文本和图形对合并文档的每个版本都相同的文档，即信件的内容和所含的域码（file code）。这是每封信都需要的内容。在建立主文档前要先建立数据源，然后才能完成主文档。

- 数据源：数据源是一个信息目录，如所有收信人的姓名和地址，它的存在使得主文档具有收信人个人信息。数据源可以是已经存在的，如数据库、电子通讯簿等，也可以是新建的数据源。创建数据源主要是建立数据表格。一般第一行是域名。所谓域，就是插入主文档的不同信息，如域可以是姓名、地址、地区、电话等。每个域都有一个域名，这个域的内容是在这个域名所在的列中。Word 数据源中预先设定了可供使用的域，用户也可以自定义域。

- 合并文档：只有当两个文档都建成以后，才可以进行合并。Word 将生成一个大的文档，按照数据源中的记录，每条记录都生成一封有收信人个人信息的信件。最终生成的文档可以打印，也可以保存。

项目任务 8-2 创建主文档

主文档可以是信函、信封、标签、电子邮件或其他格式的文档，在主文档中除了包括那些固定的信息外还包括一些合并的域。

用户可以创建一个新文档作为信函主文档，也可以将一个已有的文档转换成信函主文档。这里创建一个新文档作为工作证的主控文档，具体操作步骤如下：

01 创建一个新的 Word 文档，在功能区单击邮件选项卡，在开始邮件合并组中单击开始邮件合并选项，打开一个下拉列表，如图 8-4 所示。

02 用户直接单击信函即可以将当前文档创建为一个信函文档。

03 在功能区单击页面布局选项卡，在页面设置组中单击纸张大小按钮，在列表中选择其他页面大小选项，打开页面设置对话框。

04 在纸张大小列表中选择自定义大小，在宽度文本框中输入 7 厘米，在高度文本框中输入 10 厘米，如图 8-5 所示。

图 8-4 选择主文档类型

图 8-5 设置纸张大小

05 切换到页边距选项卡，设置上、下、左、右边距均为 0 厘米，单击确定按钮。

06 在功能区单击插入选项卡，在插图组中单击图片按钮，打开插入图片对话框，在对话框中选择案例与素材\模块 08\素材文件夹中的工作证底图图片，单击插入按钮，将图片插入到文档中。

07 在图片上单击鼠标选中图片，切换到格式选项卡，在排列组中单击自动换行按钮，在列表中选择衬于文字下方选项，插入图片的效果如图 8-6 所示。

08 切换到页面布局选项卡，在页面背景组中单击页面边框选项，打开边框和底纹对话框，系统自动切换到页面边框选项卡，如图 8-7 所示。

图 8-6　插入图片的效果

图 8-7　设置页面边框

09 在设置区域选择方框，在样式列表中选择实线，在应用范围下拉列表中选择整篇文档。

10 单击选项按钮，打开边框和底纹选项对话框，如图 8-8 所示。

11 在边距区域的上、下、左、右文本框中分别选择或输入 0 磅，在测量基准下拉列表中选择页边。

12 单击确定按钮，返回到边框和底纹对话框，单击确定按钮，为文档设置页面边框。

13 在功能区单击插入选项卡，在文本组中单击文本框按钮，然后绘制四个文本框，分别放置在姓名、部门、职务及工作证左侧的方框上面。

14 设置文本框为无轮廓，无填充颜色，设置主控文档的效果如图 8-9 所示。

提示

　　用户也可以在开始邮件合并下拉列表中单击邮件合并分步向导显示出邮件合并任务窗格。在选择文档类型区域选中信函单选按钮，单击下一步：正在启动文档进入邮件合并第二步，然后在想要如何设置信函区域选中使用当前文档单选按钮，如图 8-10 所示。

图 8-8　边框和底纹选项　　　图 8-9　设置主控文档　　　　图 8-10　邮件合并任务窗格

　　　　对话框　　　　　　　　　　边框的效果

174

项目任务 8-3 ▶ 创建数据源

主文档信函创建好后，还需要明确工作证人员姓名等信息，在邮件合并操作中这些信息以数据源的形式存在。

用户可以使用多种类型的数据源，例如 Microsoft Word 表格、Outlook 联系人列表、Excel 工作表、Access 数据库和文本文件等。

如果在计算机中不存在进行邮件合并操作的数据源，可以创建新的数据源。如果在计算机上存在要使用的数据源，可以在邮件合并的过程中直接打开数据源。

这里创建新的数据源的具体操作步骤如下：

01 单击邮件选项卡开始邮件合并组中的选择收件人按钮，打开选择收件人下拉列表，如图 8-11 所示。

02 在下拉列表中选择键入新列表选项，打开新建地址列表对话框，如图 8-12 所示。

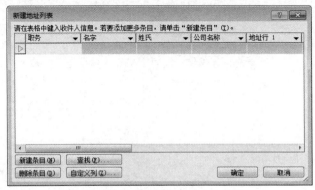

图 8-11　创建数据源　　　　　　　图 8-12　新建地址列表对话框

03 单击新建地址列表对话框中的自定义列按钮，打开自定义地址列表对话框，在对话框中可以进行字段名的添加、删除、重命名等操作。

04 单击添加按钮，打开添加域对话框，输入姓名文本，单击确定按钮即可将姓名加入到字段名中，如图 8-13 所示。

05 选中公司名称字段，单击重命名按钮，打开重命名对话框，输入部门，单击确定按钮。

06 依次选中除姓名、单位和职务之外的所有字段，单击删除按钮。

07 单击上移、下移按钮，使字段按照姓名、单位、职务顺序

图 8-13　添加自定义字段

排列，单击确定按钮，打开新建地址列表对话框。

08 将鼠标光标定位在字段名姓名下的文本框中并进行编辑，每输完一个字段，按 Tab 键即可输入下一个字段，每行输入完最后一个字段后，按 Tab 键会自动增加一个记录，用户也可以通过单击新建条目按钮来新建记录，单击删除条目按钮来删除某条记录，如图 8-14 所示。

09 当数据录入完毕后，单击确定按钮，打开保存通讯录对话框，这里建议将数据源保存在案例与素材\模块 08\源文件文件夹中，输入保存文件名工作人员名单，如图 8-15 所示。

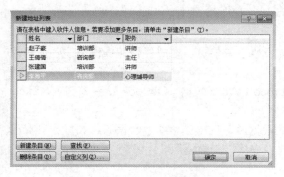

图 8-14 输入字段信息的效果

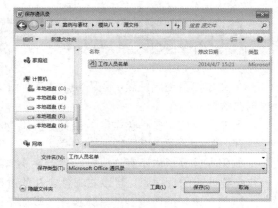

图 8-15 保存通讯录对话框

10 单击确定按钮。

提示

用户也可以在邮件合并任务窗格中进入第三步，如图 8-16 所示。在任务窗格中选中键入新列表选项，然后单击创建按钮，还可以打开新建地址列表对话框。

图 8-16 邮件合并任务窗格第三步

项目任务 8-4　插入合并字段

主文档和数据源创建成功后便可以进行合并操作，不过在进行主文档和数据源的合并前还

应在主文档中插入合并域。在工作证主文档中插入合并域的具体操作步骤如下:

01 将鼠标光标定位在要插入合并域的位置,这里定位在"姓名"后面的文本框中。

02 单击邮件选项卡编写和插入域组中的插入合并域按钮,打开一个下拉列表,如图 8-17 虚线框处所示。

03 在下拉列表中单击姓名字段,则在文档中插入姓名合并字段,效果如图 8-17 所示。

04 按照相同的方法在部门后面的文本框中插入部门合并字段,在职务后面的文本框中插入职务合并字段,如图 8-18 所示。

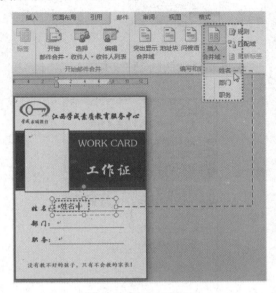

图 8-17 插入"姓名"字段后的效果

图 8-18 插入相应的合并字段

05 将插入点定位在工作证左侧的单元格中,在功能选项区单击插入选项卡,在文本组中单击文档部件,打开文档部件列表,如图 8-19 所示。

图 8-19 文档部件列表

06 单击域选项则打开域对话框,如图 8-20 所示。

07 在类别中选择链接和引用,在域名列表中选择 INCLUDEPICTURE,在文件名或 URL 中输入 G:\案例与素材\模块 08\素材\照片,单击确定按钮。

08 按 Shift+F9 组合键,则在文档中显示出插入的域代码为"{ INCLUDEPICTURE "G:\\案例与素材\\模块 08\\素材" * MERGEFORMAT }",如图 8-21 所示。

09 将鼠标光标定位在照片的后面,然后输入"\\"并在后面插入"姓名"合并域,然后在"姓名"合并域的后面输入".jpg",完整的域代码为"{ INCLUDEPICTURE "G:\\案例与素材\\模块 08\\素材\\照片\\«姓名».jpg" * MERGEFORMAT }",如图 8-22 所示。

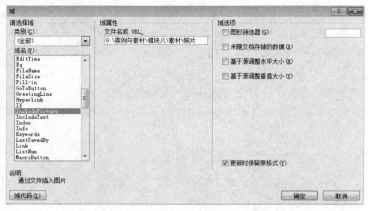

图 8-20　域对话框

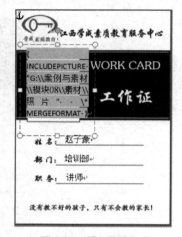

图 8-21　插入的域代码

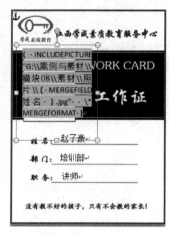

图 8-22　完整的域代码

10 按 F9 键则显示图片的效果，如图 8-23 所示。

11 此时会发现图片的大小不合适，利用鼠标拖动调整图片的大小使其适合照片框的大小，如图 8-24 所示。

图 8-23　插入图片的效果

图 8-24　调整图片大小后的效果

教你一招

在使用 INCLUDEPICTURE 域时，既可以使用绝对路径也可以使用相对路径，上面所介绍的 INCLUDEPICTURE "G:\\案例与素材\\模块 08\\素材\\姓名.jpg"是绝对路径，还可以使用 INCLUDEPICTURE "照片\\姓名.jpg"这种相对路径，文件保存后则会从文档所在的文件夹下去找对应文件。

12 单击邮件选项卡预览结果组中的预览结果按钮，则显示出插入域的效果，如图 8-25 所示。

13 单击下一记录按钮，继续预览下一条记录，此时用户会发现照片没有变化，还是上一条记录的照片，如图 8-26 所示。选中照片按 F9 键刷新，可显示出与当前记录匹配的照片。

图 8-25　预览的效果

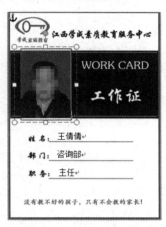

图 8-26　照片没有刷新的效果

提示

用户也可以在邮件合并任务窗格中进入第四步，如图 8-27 所示。将鼠标光标定位在要插入域的位置，在任务窗格中单击其他项目按钮。打开插入合并域对话框，如图 8-28 所示。在域列表中选中要插入的域，然后单击插入按钮。

图 8-27　邮件合并任务窗格第四步

图 8-28　插入合并域对话框

项目任务 8-5 合并文档

合并文档是邮件合并的最后一步。如果对预览的结果满意，就可以进行邮件合并的操作了。用户可以将文档合并到打印机上，也可以合并成一个新的文档，以 Word 文件的形式保存下来，供以后打印。

在合并文档时可以直接将文档合并到新文档中，这里将创建的工作证主文档合并到一个新的文档中，具体操作步骤如下：

01 单击邮件选项卡完成组中的完成并合并按钮，打开完成并合并下拉列表，如图 8-29 所示。

02 在完成并合并下拉列表中选择编辑单个文档选项，打开合并到新文档对话框，如图 8-30 所示。

图 8-29　合并文档的方式　　　　图 8-30　合并到新文档对话框

03 在合并记录区域选择合并的范围，如果选择全部选项则合并全部的记录；如果选择当前记录选项则只合并当前的记录；还可以选择具体某几个记录进行合并；这里选择全部单选按钮。

04 单击确定按钮，则主文档将与数据源合并，并建立一个新的文档，合并结果如图 8-31 所示。

05 单击文件选项卡中的另存为选项，打开另存为对话框，在对话框中设置文档的保存位置和文件名，单击保存按钮。

提示

用户也可以在邮件合并任务窗格中进入第六步，如图 8-32 所示。在任务窗格中单击编辑单个信函按钮。打开合并到新文档对话框。

图 8-31　将信函主文档合并到新文档后的效果　　　　图 8-32　邮件合并任务窗格第六步

注意

在合并文档后，用户可能会发现某些照片没有和相应的人名对应，此时可以选中照片，然后按 F9 键刷新域。

项目拓展——制作工资条

企业在发放工资时为了使员工能够很好地了解工资情况，一般都会制作一个"工资条"，连同工资一起发给职工。用户可以利用邮件合并功能将工资表中的数据插入到 Word 文档中，从而制作工资条。利用邮件合并功能制作的工资条如图 8-33 所示。

工资条

姓名	性别	部门	职称	基本工资	奖金	津贴	加班费	应发工资	个人所得税	实发工资
付刚	男	办公室	中级	2775	200	500		3475	24	3451

工资条

姓名	性别	部门	职称	基本工资	奖金	津贴	加班费	应发工资	个人所得税	实发工资
李腾	女	办公室	中级	2626	200	500		3326	17	3309

图 8-33　工资条

设计思路

在制作工资条的过程中，首先要打开已有数据源，然后插入合并字段，最后执行打印合并文档的操作，制作工资条的关键步骤可分解为：

01 打开并编辑数据源。

02 插入合并字段。

03 排除收件人。

04 打印合并文档。

❖ 动手做 1　打开并编辑数据源

制作工资条的具体步骤如下：

01 打开存放在"案例与素材\模块 08\素材"文件夹中名称为"工资条"的文件，如图 8-34 所示。

工资条

姓名	性别	部门	职称	基本工资	奖金	津贴	加班费	应发工资	个人所得税	实发工资

图 8-34　工资条原始文件

02 在邮件选项卡中单击开始邮件合并组中的选择收件人按钮，打开选择收件人下拉列表。

03 在下拉列表中选择使用现有列表按钮，打开选取数据源对话框，如图 8-35 所示。

04 在对话框中选择案例与素材\模块 08\素材文件夹中的公司职工工资表数据源，单击打开按钮，将数据源打开，这时打开选择表格对话框，如图 8-36 所示。

图 8-35　打开选取数据源对话框　　　　　　　　　　　图 8-36　选择表格对话框

05 在对话框中选择要打开的表格，由于用户要打开的数据源在 Sheet2 中，所以选中 Sheet2，然后单击确定按钮。

06 在邮件选项卡中单击开始邮件合并组中的编辑收件人列表按钮，打开邮件合并收件人对话框，如图 8-37 所示。

07 在数据源列表中选中数据源，单击编辑按钮，则打开编辑数据源对话框，在对话框中用户可以对数据源进行编辑。在调整收件人列表中单击筛选选项，则打开筛选和排序对话框，如图 8-38 所示。

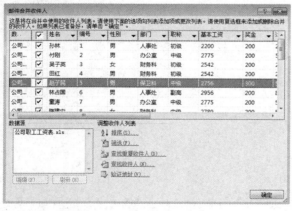

图 8-37　邮件合并收件人对话框　　　　　　　　　　图 8-38　筛选和排序对话框

08 在域列表中选择部门，在比较关系列表中选择等于，在比较对象文本框中输入办公室，单击确定按钮，返回邮件合并收件人对话框，则对话框的效果如图 8-39 所示。

❖ 动手做 2　插入合并字段

在工资条主文档中插入合并域的具体操作步骤如下：

01 将鼠标定位在要插入合并域的位置，这里定位在"姓名"下面的单元格中。

02 在邮件选项卡中单击编辑和插入域组中的插入合并域按钮，打开插入合并域下拉列表。

03 在下拉列表中选择姓名字段，则会在文档中插入姓名合并字段。按照相同的方法，依次在单元格中插入相应的字段，效果如图 8-40 所示。

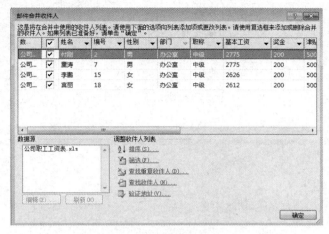

图 8-39 筛选后的邮件合并收件人列表

工资条

姓名	性别	部门	职称	基本工资	奖金	津贴	加班费	应发工资	个人所得税	实发工资
《姓名》	《性别》	《部门》	《职称》	《基本工资》	《奖金》	《津贴》	《加班费》	《应发工资》	《个人所得税》	《实发工资》

图 8-40 插入合并字段的效果

动手做 3 排除收件人

在开始邮件合并下拉列表中单击邮件合并分步向导，显示出邮件合并任务窗格，进入邮件合并第五步任务窗格。单击邮件选项卡预览结果组中的预览结果按钮，则显示出插入域的效果。在任务窗格中单击预览信函区域中收件人的左右箭头，在屏幕上可以对插入域的效果进行预览。在预览时发现第二个可以不要，在任务窗格的做出更改区域中单击排除此收件人选项，将该收件人排除在合并工作之外，如图 8-41 所示。

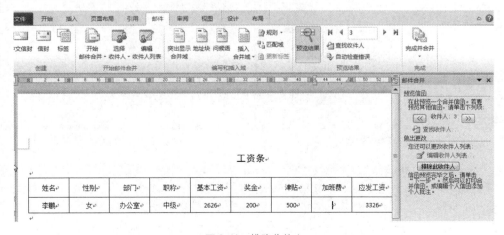

图 8-41 排除收件人

Word 2010 案例教程

❖ 动手做 4　打印合并文档

打印合并文档的具体操作步骤如下：

图 8-42　合并到打印机对话框

01　单击邮件选项卡完成组的完成并合并按钮，打开完成并合并下拉列表。

02　在完成并合并下拉列表中选择打印文档选项，打开合并到打印机对话框，如图 8-42 所示。

03　在打印记录区域选择打印记录的范围，这里选择全部。

04　单击确定按钮，则打开打印对话框，单击确定按钮，开始打印所有记录。

🔑 知识拓展

通过前面的任务主要学习了创建主控文档、创建（打开）数据源、插入合并字域、合并文档、打印合并文档等邮件合并的操作，另外，还有一些邮件合并的操作在前面的任务中没有运用到，下面就介绍一下。

❖ 动手做 1　制作信封文档

有了通知单的用户还可以利用邮件合并功能制作一个通知单的信封，具体操作步骤如下：

01　单击邮件选项卡创建组中的信封按钮，打开信封和标签对话框，如图 8-43 所示。

02　在收信人地址文本框中输入收信人的地址，在寄信人地址文本框中输入寄信人地址。

03　单击选项按钮，打开信封选项对话框，如图 8-44 所示。在信封尺寸下拉列表中选择信封尺寸，单击寄信人地址区域的字体按钮，打开寄信人地址对话框，在寄信人地址对话框中还可以对寄信人地址的字体进行详细的设置，同样，也可以对收信人地址进行字体设置。

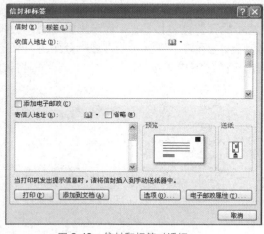

图 8-43　信封和标签对话框

图 8-44　信封选项对话框

04　单击确定按钮，返回信封和标签对话框。单击添加到文档按钮，则信封的样式被添加到文档中。

单击邮件选项卡创建组中的中文信封按钮，打开信封制作向导对话框，利用向导可以制作出常用的中文信封。

⁂ 动手做 2　制作标签文档

标签的应用也非常广泛，除了可以制作邮件标签之外，还可以制作明信片、名片等。制作标签时用户可以利用邮件合并向导进行制作，另外，如果制作的标签比较简单，例如不需要插入合并域，可以直接创建标签文档，具体操作步骤如下：

01　创建一个文档，单击邮件选项卡创建组中的标签按钮，打开信封和标签对话框。

02　在地址文本框中输入标签的地址，如图 8-45 所示。

03　单击选项按钮，打开标签选项对话框，如图 8-46 所示。在产品编号列表中选择标签类型，单击确定按钮，返回信封和标签对话框。

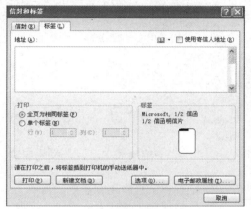

图 8-45　创建标签　　　　　　　　　　　　图 8-46　标签选项对话框

04　在打印区域选择全页为相同标签单选按钮。

05　如果单击打印按钮，则可直接开始打印标签，如果单击新建文档按钮，则创建一个标签文档。

⁂ 动手做 3　自动检查错误

逐条地查看预览结果比较麻烦，Word 2010 提供了自动检查错误功能。要使用这项功能，只需在邮件选项卡的预览效果组中单击自动检查错误按钮，即可打开一个检查并报告错误对话框，选中模拟合并，同时在新文档中报告错误，单击确定按钮，Word 2010 会模拟合并并检查错误。

✐ 课后练习与指导

一、选择题

1.（　　）是主文档的格式。

　　A．目录　　　　　　　B．信函　　　　　C．标签　　　　　　　D．电子邮件

2.（　　）可以作为邮件合并的数据源。

　　A．Microsoft Word 表格　　　　　　　　B．Outlook 联系人列表

　　C．Excel 工作表　　　　　　　　　　　　D．文本文件

3．下列关于创建数据源的说法正确的是（　　）。

　　A．在新建数据源时可以添加新的字段

　　B．在新建数据源时不能重命名字段

    C. 在新建数据源时可以删除原有的字段

    D. 在新建数据源时可以调整字段的先后顺序

4. 关于合并文档的说法正确的是（　　　）。

    A. 用户可以将文档合并到电子邮件

    B. 用户可以将插入域的文档合并成一个新的文档

    C. 在创建合并文档后用户还可以创建新的收件人记录

    D. 用户可以将合并文档直接打印

二、填空题

1. 邮件合并思想是首先建立两个文档：一个是＿＿＿＿＿＿，它包括报表、信件或录取通知书共有的内容；另一个是＿＿＿＿＿＿，它包含需要变化的信息，如姓名、地址等。

2. 在主文档中除了包括那些固定的信息外，还包括一些＿＿＿＿＿＿＿。

3. 在"邮件"选项卡"开始邮件合并"组中的＿＿＿＿＿＿＿下拉列表中可以选择主控文档的形式。

4. 在"邮件"选项卡的＿＿＿＿＿＿组中单击＿＿＿＿＿＿按钮，可打开"检查并报告错误"对话框。

5. 在"邮件"选项卡"开始邮件合并"组中的＿＿＿＿＿＿＿下拉列表中可以选择是新建数据源还是使用已有数据源。

6. 在"邮件"选项卡＿＿＿＿＿＿组中的＿＿＿＿＿＿下拉列表中可以插入合并域。

三、简答题

1. 如何制作信封文档？

2. 如何制作标签文档？

3. 邮件合并中有哪些基本概念？

4. 创建一个新数据源的大体步骤有哪些？

5. 在对文档进行邮件合并时如何将某个收件人排除在外？

6. 在邮件合并中如何打开原有的数据源？

四、实践题

利用中文信封向导制作一个如图 8-47 所示的中文信封。

图 8-47　中文信封

效果位置：案例与素材\模块 08 \源文件\信封。

模块 09 协同工作——制作公司年终总结报告

你知道吗？

对于一些要求较高的文档需要多个用户共同来完成，使用 Word 2010 可以轻松地实现多人协作来完成一篇文档的审阅、修订工作。

应用场景

在文档中常会见到一些修订，如图 9-1 所示，这些都可以利用 Word 2010 软件来制作。

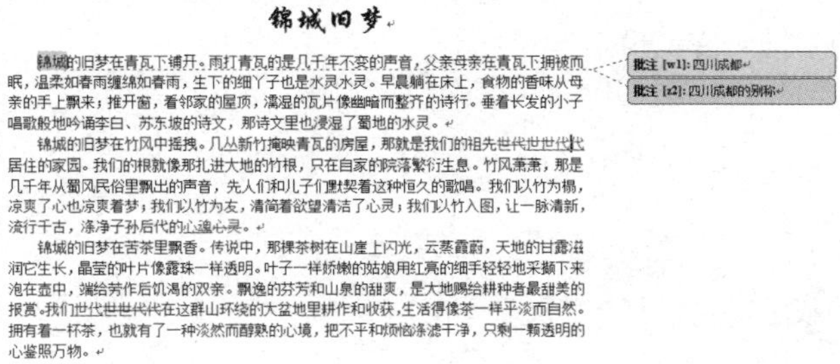

图 9-1　修订的文档

到了年底公司为了对一年来工作中的得失进行总结，对来年工作改进提供依据，一般都要制作一个年终总结报告在公司全体员工会议上进行陈述。年终总结包括本年度的工作概述、取得的成绩、获取的经验、存在的问题、今后的工作思路等内容。

如图 9-2 所示，就是利用 Word 2010 制作的年终总结报告。请读者根据本模块所介绍的知识和技能，完成这一工作任务。

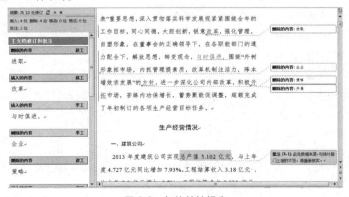

图 9-2　年终总结报告

相关文件模板

利用 Word 2010 软件的高级功能，还可以完成可行性研究报告、修订文档等工作任务。为了方便读者，本书在配套的资料包中提供了部分常用的文件模板，具体文件路径如图 9-3 所示。

图 9-3 应用文件模板

背景知识

总结报告是对一定时期内的工作加以总结，分析和研究，肯定成绩，找出问题，得出经验教训，摸索事物的发展规律，用于指导下一阶段工作的一种书面文体。它所要解决和回答的中心问题，不是某一时期要做什么，如何去做，做到什么程度的问题，而是对某种工作实施结果的总鉴定和总结论，是对以往工作实践的一种理性认识。

总结报告种类繁多，可以按内容、时间、性质等划分，本章案例是按时间划分的年终总结报告。

设计思路

在制作公司年终总结报告的过程中，首先在文档中添加批注，然后对文档进行修订，制作公司年终总结报告的关键步骤可分解为：

01 添加批注。

02 修订文档。

03 处理修订后的文档。

04 比较合并文档。

05 设置打开、修改权限。

项目任务 9-1 添加批注

作者或审阅者可以在文档中添加批注，对文档的内容进行注释。批注不显示在正文中，它显示在文档的页边距处或"审阅窗格"上。

动手做 1 插入批注

在年终总结报告中插入批注，具体操作步骤如下：

01 打开"案例与素材\模块 09\素材"文件夹中名称为"宏泰建设集团公司年终总结报告（初始）"文件，选中"总产值 5.102 亿元"文本。

02 单击审阅选项卡批注组中的新建批注按钮，此时将会自动打开批注框，如图 9-4 所示。

03 在打开的批注框内输入批注内容"此数据与统计部门上报数据不符，再核实一下。"，文档插入批注后的结果如图 9-5 所示。

动手做 2 修改批注

如果用户觉得审阅者对文档添加的注释内容不合适还可以对批注进行修改，具体操作步骤如下：

01 如果在屏幕上看不到批注，单击审阅选项卡，在修订组中单击显示标记按钮，在显示标记列表中选中批注选项。用户可以在批注组中单击上一条或下一条选项寻找需要编辑的批注。

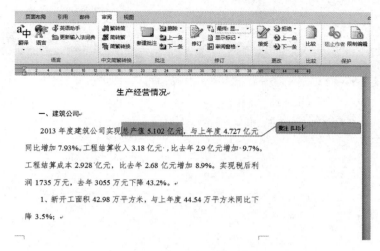

图 9-4　打开批注框

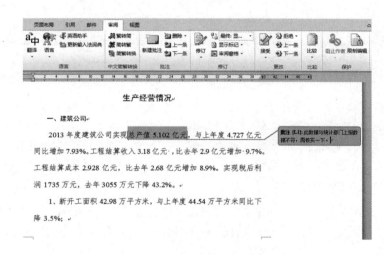

图 9-5　插入批注的效果

02　在批注框中单击需要编辑的批注。

03　对批注文本进行适当修改，这里修改为"此处数据来源，与统计部门上报的不符，请重新核实"
如图 9-6 所示。

⁑ 动手做 3　删除批注

如果用户觉得审阅者在文档中插入的批注是多余的，可以将其删除。用户既可以删除单个
批注也可以一次删除所有批注。

如果要快速删除单个批注，在批注上单击鼠标右键，在打开的快捷菜单中选择删除批
注命令即可。

用户也可以一次删除文档中所有的批注，单击审阅选项卡，在批注组中单击删除按钮，在
删除列表中选中删除文档中所有的批注选项，如图 9-7 所示。

生产经营情况

一、建筑公司

2013 年度建筑公司实现 总产值 5.102 亿元，与上年度 4.727 亿元

批注 [L1]：此处数据来源，与统计部门上报的不符，请重新核实。

同比增加 7.93%。工程结算收入 3.18 亿元，比去年 2.9 亿元增加 9.7%。

工程结算成本 2.928 亿元，比去年 2.68 亿元增加 8.9%。实现税后利

润 1735 万元，去年 3055 万元下降 43.2%。

1、新开工面积 42.98 万平方米，与上年度 44.54 万平方米同比下

降 3.5%；

图 9-6 修改批注

图 9-7 删除文档中的所有批注

项目任务 9-2 修订文档

如果文档比较复杂，那么用户对于文档内容的修改可能一次不能完成，往往要经过多次的思考后才能确定下来，因此在修改的时候要谨慎。同时，在修改的过程中可能也会出现一些误操作，等再次审阅文档时才发现丢失了很重要的资料。为了防止这些情况的发生，Word 2010 中用户可以对文档中所做的诸如删除、插入或其他编辑更改的位置进行标记，称之为修订。

动手做 1 进入修订状态

如果想要启动修订功能，单击审阅选项卡，在修订组中单击修订按钮，使修订按钮处于选中状态，此时文档就处于修订状态。在修订组中单击显示标记按钮，在显示标记列表中用户可以选择显示的修订选项，如图 9-8 所示。

在修订状态下，再对文档做编辑修改，Word 2010 即自动记录并显示操作位置及结果。

例如在报告正文第一段的"解放思想，转变观念"的后面添加文本"与时俱进，"。编辑界面如图 9-9 所示。在文档中编辑修改过的内容会以红色显示，并且在编辑修改过的内容所在行左侧会有编辑修改过的标记 |。

插入的内容

修改位置标记

2013 年是志泰建设集团公司顺利晋升国家房屋建筑工程施工总承包一级资质后的第一年，在市委市政府及住建局领导的正确领导下，我公司全体员工坚持"三个代表"重要思想，深入贯彻落实科学发展观紧紧围绕全年的工作目标，同心同德，大胆创新，锐意进取，强化管理，自塑形象，在董事会的正确领导下，在各职能部门的通力配合下，解放思想，转变观念，与时俱进，围统"外树企业形象拓市场，内抓管理提素质，改革机制注活力，降本增效求发展"的策略，进一步深化公司内部改革，积极开展市场，苦练内功保增长，蓄势聚能促调整，超额完成了年初制订的各项生产经营目标任务。

图 9-8 选择显示的标记   图 9-9 插入内容

190

在报告正文第一段的"外树企业形象拓市场"的文本中多了"企业"一词，此时用户可以将其删除。删除了某些内容后，在右侧的批注框中会显示被删除内容，编辑界面如图 9-10 所示。

图 9-10　删除内容

动手做 2　多人修订一篇文档

当启用修订功能后，每个审阅者对文档进行的修改都会在页面上留下"痕迹"。如年终总结报告文档到了第二个审阅者的手中时他所做的修订被不同的颜色标示，如图 9-11 所示。

图 9-11　多人修订的效果

在多个审阅者进行修订文档时，用户应对不同的审阅者更改名称，这样才能区分是哪个修订者所做的修订。在审阅选项卡的修订组中单击修订按钮下面的下三角箭头，打开修订列表，如图 9-12 所示。单击更改用户名选项，打开 Word 选项对话框，如图 9-13 所示。在用户名列表中输入一个名称，单击确定按钮。

图 9-12　修订列表　　　　　　　图 9-13　更改修订者名称

动手做 3　查看修订信息

如果用户要逐一查看文档中的修订，可以在审阅选项卡的更改组中单击上一条或下一条选项，系统由当前位置开始向前或向下搜索下一处修订所在的位置并呈高亮显示。

如果对文档进行修订的审阅者较多，用户可以只查看某一个审阅者的修订或批注。

在修订组中单击显示标记按钮，在显示标记列表中选择审阅者，打开审阅者列表，如图9-14所示。

在审阅者列表中如果选择所有审阅者选项，则可以看到所有审阅者所做的修订，如果选择某一个审阅者，例如选择"赵工"，那么只能看到该审阅者所做的修订，而其他审阅者所做的修订则默认为接受，如图9-15所示。

图 9-14　审阅者列表

图 9-15　显示某一个审阅者修订的效果

教你一招

在审阅选项卡的修订组中单击审阅窗格右侧的下三角箭头，在审阅窗格列表中用户可以选择是显示垂直审阅窗格还是显示水平审阅窗格，在窗格中用户可以更方便地查看文档的修订情况，如图9-16所示。

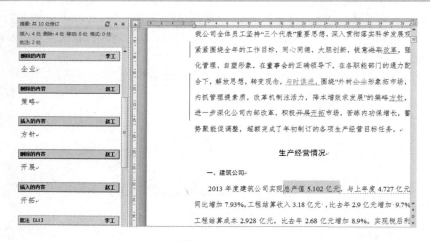

图 9-16　审阅窗格

动手做 4　显示标记的不同状态

为了方便查看文档的修改效果，用户可以让修订或批注标记显示为不同的状态。在修订组中单击显示以供审阅按钮，打开显示以供审阅下拉列表，如图9-17所示。

　　默认情况下标记的显示状态为显示标记的最终状态，图 9-17 就是这种显示状态的效果。

　　如果希望清楚地看到文件修改后的效果，可以选择最终状态选项，这样所有的修订标记全部消失，该方式只显示修订后的内容，阅读者看不到原始的信息，如图 9-18 所示。

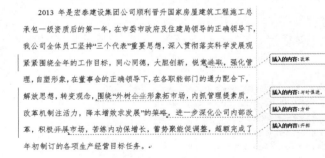

2013 年是宏泰建设集团公司顺利晋升国家房屋建筑工程施工总承包一级资质后的第一年，在市委市政府及住建局领导的正确领导下，我公司全体员工坚持"三个代表"重要思想，深入贯彻落实科学发展观紧紧围绕全年的工作目标，同心同德，大胆创新，锐意改革，强化管理，自塑形象，在董事会的正确领导下，在各职能部门的通力配合下，解放思想，转变观念，与时俱进，围绕"外树形象拓市场，内抓管理提素质，改革机制注活力，降本增效求发展"的方针，进一步深化公司内部改革，积极开拓市场，苦练内功保增长，蓄势聚能促调整，超额完成了年初制订的各项生产经营目标任务。

　　图 9-17　显示以供审阅列表　　　　　　　图 9-18　显示标记的最终状态

　　如果希望清楚地看到对原文进行了哪些修订，可以选择显示标记的原始状态选项，这样可以显示出原始文档并用标记指出对文档进行了哪些修订，如图 9-19 所示。

　　该方式显示修订之前的内容和修订的状态，在修订框中显示修订后的内容。

　　如果希望看到原始文档可以选择原始状态选项，这样所有的修订标记全部消失，只显示修订前的内容，阅读者不知道何处已经被修改，看到的只是修订之前的内容。

❖ 动手做 5　批注的显示方式

　　Word 2010 提供了三种显示批注的方式，在修订组中单击显示标记按钮，在显示标记列表中选择批注框选项，打开批注框列表，如图 9-20 所示。

　　图 9-19　显示标记的原始状态的效果　　　　　图 9-20　设置批注的显示方式

　　在批注框显示修订，批注会显示在文档右侧页面距的区域，并用一条虚线链接到批注原始文字的位置，这是系统默认的显示方式，前面图示显示的方式就是该显示方式。

　　以嵌入的方式显示所有修订，此方式的显示效果如图 9-21 所示。采用这种显示方式时修订不显示在批注框中而是直接显示在文档中，比如删除的文本被以添加删除线的方式显示，批注则会显示一个括号，当把鼠标悬停在增加批注的原始文字的括号上方时，屏幕上会显示批注的详细信息。

　　仅在批注框中显示批注和格式，此方式的显示效果如图 9-22 所示。采用这种显示方式时，在批注框中显示批注和修订的格式，其他的修订则以嵌入的方式显示。

 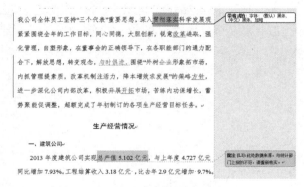

我公司全体员工坚持"三个代表"重要思想，深入贯彻落实科学发展观紧紧围绕全年的工作目标，同心同德，大胆创新，锐意改革进取，强化管理，自塑形象，在董事会的正确领导下，在各职能部门的通力配合下，解放思想，转变观念，与时俱进。围绕"外树企业形象拓市场，内抓管理提素质，改革机制注活力，降本增效求发展"的策略方针，进一步深化公司内部改革，积极开展开拓市场，苦练内功保增长，蓄势聚能促调整，超额完成了年初制订的各项生产经营目标任务。

生产经营情况

一、建筑公司

2013 年度建筑公司实现总产值 5.102 亿元，与上年度 4.727 亿元同比增加 7.93%。工程结算收入 3.18 亿元，比去年 2.9 亿元增

图 9-21　以嵌入的方式显示所有修订	图 9-22　仅在批注框中显示批注和格式

项目任务 9-3　处理修订后的文档

文档最终定稿的时候，用户可以仔细地查看各个审阅者的修订，以最终决定是否接受或拒绝审阅者所做的修订。

▶▶ 动手做 1　接受修订

如果用户对修改后的结果比较满意，那么用户就可以接受审阅者所做的改动，具体操作步骤如下：

01 将鼠标光标定位在一个修订位置，例如定位在年终总结报告文档中插入"与时俱进"的位置。

02 单击更改组中接受按钮下侧的下三角箭头，打开接受列表，如图 9-23 所示。

03 在接受列表中选择接受修订选项，将接受当前处的修订。如果选择接受并移到下一条选项则将接受当前的修订并自动移到下一条修订。

接受修订后，原编辑修改的部分将不再做标记，与文档中未修改过的部分毫无区别，效果如图 9-24 所示。

图 9-23　接受修订	图 9-24　接受修订的效果

教你一招

如果在修订列表中选择接受对文档的所有修订选项，则无论光标在文档的何处，对该文档所作的任何修订均被接受，所有的修订标记全部消失。

⁂ 动手做 2　拒绝修订

如果用户对修改后的结果不满意，那么用户可以拒绝接受审阅者所做的改动，具体操作步骤如下：

01 将鼠标光标定位在一个修订位置，如定位年终总结报告文档删除"企业"文本的位置。

02 单击更改组中拒绝按钮右侧的下三角箭头，打开拒绝列表，如图 9-25 所示。

03 在拒绝列表中选择拒绝修订选项，将拒绝当前处的修订，删除的文本"企业"被还原回来，如图 9-26 所示。如果选择拒绝并移到下一条选项则将接受当前处的修订并自动移到下一条修订。

图 9-25　拒绝修订

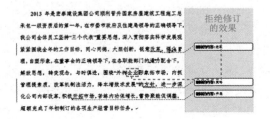

图 9-26　拒绝修订的效果

项目任务 9-4　比较合并文档

在修改文档的过程中可能保存多个文档备份的副本，而在每个副本上都有一些修订和批注，每个副本上的修订和批注都不一样。若同一文档在多个副本中都有修订，在查看时如果要逐个查看修订和批注，很难确定哪处修订合适。Word 2010 可以将这些修订合并在一起，然后再对修订和批注进行查看。

⁂ 动手做 1　比较文档

在多人共同修订一份文档时，可能会有一些人忘记使用修订模式，而是直接在文档里修改。如果文字比较短还比较容易分辨出修改在哪里，但长文档的情况就比较麻烦，此时用户可以利用 Word 2010 的比较功能来比较各文档之间的不同之处。

例如，"王工"在修订文档时忘记了使用修订模式，文档的最终责任人要查看原始文档和当前修订文档之间的内容变化情况，具体操作步骤如下：

01 打开两个文档中的一个。

02 在审阅选项卡的比较组中单击比较按钮，打开比较列表，如图 9-27 所示。

03 在比较列表中单击比较选项，打开比较文档对话框，单击更多按钮，在比较设置区域设置比较选项如图 9-28 所示。

图 9-27　比较列表

图 9-28　比较文档对话框

04 在原文档列表中选择原文档，也可单击后面的打开按钮进行选择。在修订的文档列表中选择修订的文档，也可单击后面的打开按钮进行选择。

05 单击确定按钮，这时会另外开启一个 Word 界面，最左侧详细地显示了删除的内容和插入的内容，中间显示的是两份文档的不同之处，最右侧分为上下两部分，显示的是两份文档，如图 9-29 所示。

06 用户可以利用保存命令对比较结果进行保存，将比较结果保存后，则会在比较结果中显示出修订。

∵ 动手做 2　合并文档

为了方便用户的最终审阅，用户可以将不同版本的修订合并到一个文档中，例如，要把审阅者"赵工"修订的文档和审阅者"李工"修订的文档合并到一起，具体操作步骤如下：

01 打开两个文档中的一个。

02 在审阅选项卡的比较组中单击比较按钮，打开比较列表。

03 在比较列表中单击合并选项，打开合并文档对话框，单击更多按钮，在比较设置区域设置比较选项如图 9-30 所示。

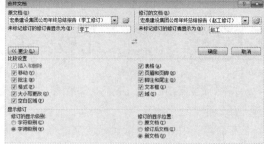

图 9-29　比较文档的效果　　　　　　　图 9-30　合并文档对话框

04 在原文档列表中选择原文档，也可单击后面的打开按钮进行选择。在修订的文档列表中选择修订的文档，也可单击后面的打开按钮进行选择。

05 单击确定按钮，这时会另外开启一个 Word 界面，最左侧详细地显示了删除的内容和插入的内容，中间则显示的是两份文档的不同之处，最右侧分为上下两部分，显示的是两份文档，如图 9-31 所示。

图 9-31　合并文档的效果

06 用户可以利用保存命令对合并结果进行保存，将合并结果保存后，会在合并结果中显示出两个文档的修订结果。

项目任务 9-5 文档安全性

如果想与其他用户共享文件或机器，可能有些文件需要防止其他用户打开或者修改其中的内容，通过 Word 2010 提供的文档安全性功能可以对文档设置各种安全措施，以防止他人破坏文件。

动手做 1 设置打开权限

如果一篇文档比较重要，不允许他人随意阅读，此时可以为该文档设置打开权限。设置打开权限就是为文档设置一个密码，那么在打开该文档时，Word 2010 会提示输入正确的密码，如果密码不正确就无法打开这个文档，这就等于给文档加了一把锁，没有钥匙的人就无法打开它。

例如，为公司年终总结最终文档设置打开权限，具体操作步骤如下：

01 单击文件选项卡，在列表中单击信息选项，然后单击保护文档选项，打开保护文档列表，如图 9-32 所示。

02 在保护文档列表中单击用密码进行加密选项，打开加密文档对话框，在密码文本框中输入密码，如图 9-33 所示。

图 9-32　保护文档列表　　　　　　　　图 9-33　加密文档对话框

03 单击确定按钮，打开确认密码对话框，再次输入密码，单击确定按钮。

04 单击保存按钮，将所做的设置进行保存。

进行了保存设置后，再次打开此文档时弹出如图 9-34 所示的密码对话框。在对话框中输入正确的密码才能打开文件，否则无法打开文档。

教你一招

在设置打开密码后，文件选项卡中保护文档选项上的权限将会显示必须提供密码才能打开文档。如果要清除密码则在保护文档列表中单击用密码进行加密选项，然后在加密文档对话框中清除密码即可。

动手做 2 设置修改权限

如果一篇文档比较重要，不允许他人随意阅读，此时可以为该文档设置修改权限。设置修改权限的具体操作步骤如下：

01 单击文件选项卡，在列表中单击另存为选项，打开另存为对话框。

02 单击工具按钮，在工具列表中选择常规选项命令，打开常规选项对话框，如图 9-35 所示。

03 在常规选项对话框的修改文件时的密码文本框中输入密码。

04 单击确定按钮后，根据提示重新输入一次密码。

05 在另存为对话框中，设置保存文件的名称，并单击确定按钮。

当一个文档被设置了修改权限密码后，打开此文档时，会出现如图 9-36 所示的对话框，要求用户输入正确的密码，如果单击只读按钮，则以只读的方式打开文档，也就是说所有的修改都不能保存到原始文档中。

图 9-34　输入打开文件密码　　　　图 9-35　常规选项对话框　　　　图 9-36　密码对话框

 项目拓展——制作安全生产实施细则

为了加强安全生产、文明施工管理，克服抵制各种不良倾向的出现和蔓延，保证职工的生命和集体的财产安全，真正起到推动生产力和企业规范的积极作用，公司一般都会制订《安全生产实施细则》。利用 Word 2010 制作安全生产实施细则的效果如图 9-37 所示。

设计思路

在制作安全生产实施细则的过程中，用户可以首先设置编辑限制，然后启用保护，制作安全生产实施细则的关键步骤可分解为：

01 格式设置限制。

02 设置编辑限制。

03 取消保护。

∷ 动手做 1　格式设置限制

使用文档的格式设置限制功能，可以防止用户直接将不应使用的格式直接应用于文本。限制格式之后，用于直接应用格式的命令和键盘快捷键将无法再使用，从而对文档的格式进行保护。

对安全生产实施细则文档设置格式限制的具体操作步骤如下：

01 单击审阅选项卡，在保护组中单击限制编辑按钮，打开限制格式和编辑任务窗格，如图 9-38

所示。

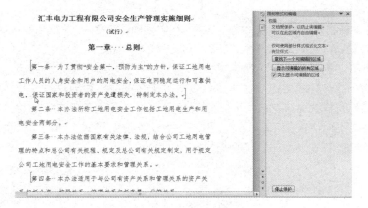

图 9-37　安全生产实施细则

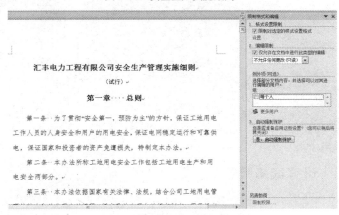

图 9-38　限制格式和编辑任务窗格

02 在格式设置限制区域，选中限制对选定的样式设置格式复选框，单击设置选项，打开格式设置限制对话框，如图 9-39 所示。

03 在对话框中选中限制对选定的样式设置格式复选框，然后在当前允许使用的样式列表中选择在文档允许使用的样式，并清除文档中不允许使用的样式复选框的选中状态。

04 单击确定按钮，打开一个警告对话框，如图 9-40 所示。在对话框中提醒用户在当前文档中可能包含不允许的格式或样式，是否将它们删除。单击否按钮则在当前文档中继续使用这些样式，返回文档；单击是按钮则这些样式将被删除，应用样式的文本变为正文文本。

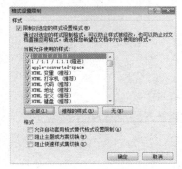

图 9-39　格式设置限制对话框

图 9-40　警告对话框

05 在限制格式和编辑任务窗格中单击是，启动强制保护按钮，打开启动强制保护对话框，如图 9-41 所示。

06 在对话框中的新密码（可选）文本框中输入密码，在确认新密码文本框中输入新密码，以做校正。

07 单击确定按钮，即可启动文档格式限制功能。

在对文档进行了格式限制后，限制格式和编辑任务窗格如图 9-42 所示。在任务窗格中单击有效样式选项，打开样式窗格，在样式列表中列出了在文档中允许被使用的格式。用户可以和设置格式限制前的样式窗格比较一下，很显然比原来少了很多可应用的格式，这是因为在设置保护时那些格式不允许被使用。另外，用户还可以发现新样式按钮也呈灰色，表示不可用，这表明在设置格式限制后也不能创建新的样式。

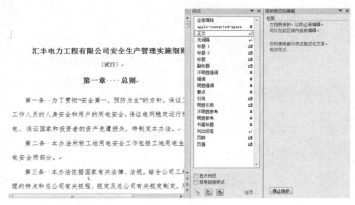

图 9-41 启动强制保护对话框   图 9-42 设置格式限制后的效果

动手做 2 设置编辑限制

用户不但可以对文档中的格式设置限制，还可以对文档的编辑权限设置限制。例如由于公司年报文档比较重要，因此不允许用户对文档随意进行修改，但可以允许用户在文档中添加批注进行注释。

例如，为安全生产实施细则文档设置允许添加批注权限，具体操作步骤如下：

01 在编辑限制区域选中仅允许在文档中进行此类型的编辑复选框，然后在下面的下拉列表中选择批注选项，如图 9-43 所示。

02 单击是，启动强制保护按钮，打开启动强制保护对话框。在对话框中的新密码（可选）文本框中输入密码，在确认新密码文本框中输入新密码，以做校正。

03 单击确定按钮，即可启动编辑限制功能。

设置了编辑权限的限制格式和编辑任务窗格如图 9-44 所示，在任务窗格中的权限区域显示了用户的编辑权限。

在设置编辑限制时用户还可以利用"例外项"的功能对文档的部分区域设置编辑限制，例如用户可以设置安全生产实施细则文档中的某些段落能被其他用户进行自由编辑，而其他段落则只能进行添加批注的编辑，具体操作步骤如下：

01 在安全生产实施细则文档中选中可以被其他用户自由编辑的段落。

02 在编辑限制区域选中仅允许在文档中进行此类型的编辑复选框，然后在下面的下拉列表中选择批注选项。在例外项区域的组列表中选择允许对选中文本进行编辑的用户，选中每个人复选框则表示任何人都可以对选中的文本进行编辑。

03 单击是，启动强制保护按钮，打开启动强制保护对话框，在对话框中设置保护密码，单击确定按钮，返回文档。

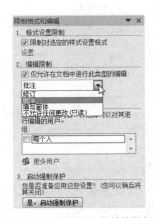

图 9-43　设置编辑文档的编辑权限　　　　图 9-44　设置文档编辑权限后的窗格

　　设置了有例外项编辑限制的文档如图 9-45 所示，在窗格中选中突出显示可编辑的区域复选框，则允许被编辑的区域将被加上底色突出显示。将插入点定位在允许被编辑的区域或不允许被编辑的区域时则在限制格式和编辑任务窗格的权限区域显示出不同的编辑权限。如果单击查找下一个可编辑的区域按钮，则系统将向下查找一个可编辑的区域并呈高亮显示。如果单击显示可编辑的所有区域按钮，则文档中所有可被编辑的区域同时被选中并呈高亮显示。

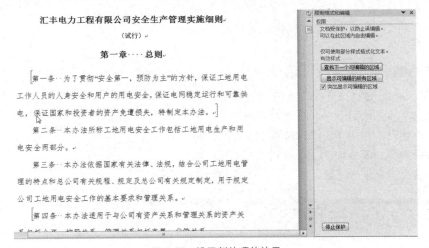

图 9-45　设置例外项的效果

⋙ 动手做 3　取消保护

　　无论对文档设置了哪种保护限制，如果要停止保护都可以在限制格式和编辑任务窗格中单击停止保护按钮。如果用户没有设置保护密码则可直接解除保护，如果设置了保护密码，则打开取消保护文档对话框，如图 9-46 所示。在对话框中的密码文本框中输入密码，单击确定按钮即可。

图 9-46　取消保护文档对话框

知识拓展

通过前面的任务主要学习了添加批注、修订文档、比较合并文档、文档的安全性等操作，另外还有一些操作在前面的任务中没有运用到，下面就介绍一下。

动手做 1　标记为最终状态

在 Word 2010 中，标记为最终状态命令有助于让其他人了解用户正在共享已完成的文件版本。该命令还可防止审阅者或读者无意中更改文档。

在与他人共享 Word 2010 文档的副本之前，可以使用标记为最终状态命令将文件设置为只读，防止他人对文件进行更改。在将文件标记为最终状态后，键入、编辑命令及校对标记都会禁用或关闭，文件变为只读形式。另外，文件的状态属性会设置为最终。

标记为最终状态命令不是一项安全功能。对于已标记为最终状态的文件，任何人都可以通过取消该文件的标记为最终状态状态对其进行编辑。如果在早期的 Word 版本中打开已在 Word 2010 中标记为最终状态的文件，则该文件将不再是只读形式。

在 Word 2010 中打开要将其标记为最终状态的文档，单击文件选项卡，然后单击信息选项，在权限下，单击保护文档选项，然后选择标记为最终状态即可将该文档标记为最终状态。在标记为最终状态的文件中，标记为最终状态命令处于选中状态。如果要更改已标记为最终状态的文件，可以再次单击标记为最终状态选项即可取消。

动手做 2　设置修订选项

用户可以对修订的标记样式、颜色等选项进行设置。在审阅选项卡的修订组中单击修订按钮下面的下三角箭头，在修订列表中单击修订选项命令，则打开修订选项对话框，如图 9-47 所示。在对话框中用户可以对修订的各个选项进行设置。

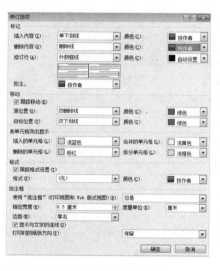

图 9-47　修订选项对话框

课后练习与指导

一、选择题

1. 在（　　　）选项卡中用户可以为文本插入批注。

　　A．插入　　　　　　　　B．审阅　　　　　　　　C．引用　　　　　　　　D．开始

2. 下列关于修订文档的说法正确的是（　　　）。

　　A．审阅者插入脚注也可显示为标记

　　B．只有设定了不同的用户名，不同的审阅者的修订标记才会显示为不同的颜色

　　C．在审阅者窗格中可以显示所有的修订信息，但不包含批注

　　D．只要启用了修订状态，就一定会显示出修订标记

3．下列关于文档安全性设置的说法错误的是（ 　　 ）。

    A．在"文件"选项卡中用户可以设置文档的打开权限

    B．在"文件"选项卡中用户可以设置文档的修改权限

    C．在"另存为"对话框中用户可以设置文档的打开权限

    D．在"另存为"对话框中用户可以设置文档的修改权限

4．下列说法正确的是（ 　　 ）。

    A．用户可以对文档的某部分内容设置编辑限制

    B．如果多人对文档进行了修订，用户可以选择只查看某一个人的修订

    C．在设置格式限制时，不能被使用的格式将无法保存下来

    D．用户可以更改插入文本的标记样式

二、填空题

1．在"审阅"选项卡的＿＿＿组中单击＿＿＿按钮，在列表中可以删除批注。

2．在"审阅"选项卡的＿＿＿组中单击＿＿＿按钮可以进入修订状态。

3．在"审阅"选项卡的＿＿＿组中单击＿＿＿按钮，在列表中单击＿＿＿选项，打开"比较文档"对话框。

4．修订的标记显示状态有＿＿＿＿、＿＿＿＿、＿＿＿＿、＿＿＿＿4种。

5．批注的显示方式有＿＿＿＿、＿＿＿＿、＿＿＿＿3种。

6．在"审阅"选项卡的＿＿＿组中单击＿＿＿＿＿＿按钮，打开"限制格式和编辑"任务窗格。

三、简答题

1．在文档中如何对某一个批注进行修改？

2．如何更改审阅者的用户名？

3．如何删除某一个批注？

4．在对文档进行了修订后，如何拒绝某一个修订？

5．如何设置文档的打开权限？

6．如何设置文档的修改权限？

7．在文档中如何设定某些格式不能被应用？

8．在文档中如何设置某些段落可以被自由编辑，而其他的段落则不能被编辑？

四、实践题

对文档进行修订，效果如图 **9-48** 所示。

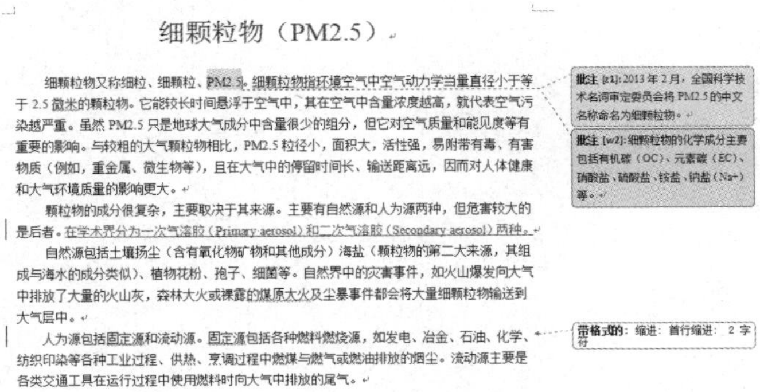

图 9-48　修订文档的效果

1．启用修订功能。

2．将一个审阅者的用户名更改为"赵工"。审阅者赵工为第一段的"PM2.5"添加批注"2013 年 2 月，全国科学技术名词审定委员会将 PM2.5 的中文名称命名为细颗粒物。"；赵工为第四段设置首行缩进 2 字符的格式。

3．将一个审阅者的用户名更改为"王工"。审阅者王工为第一段的"PM2.5"添加批注"细颗粒物的化学成分主要包括有机碳（OC）、元素碳（EC）、硝酸盐、硫酸盐、铵盐、钠盐（Na^+）等。"；王工在第二段插入文本"在学术界分为一次气溶胶（Primary aerosol）和二次气溶胶（Secondary aerosol）两种。"

素材位置：案例与素材\模块 09\素材\细微颗粒物（初始）。

效果位置：案例与素材\模块 09\源文件\细微颗粒物。

模块 10

Word 2010 综合应用——制作试卷

你知道吗？

Word 2010 具有强大的文字处理和文档编辑功能，掌握其基本的文档编辑、文档格式化、表格应用、图文混排、版面设置等功能后，要将其所有功能综合应用，融会贯通，并根据实际工作中的需要灵活运用，才能为学习和工作提供最大的方便。

应用场景

经过一段时间的培训和学习，往往需要借助于考试这种再熟悉不过的手段来检验培训和学习的效果，同时考试也有利于及时发现学习中的不足之处。那么，教师就需要根据教学和培训的进度、情况来编排难度和水平适中的试卷。

利用 Word 2010 软件的模板、分栏、插入公式和绘图等功能，可以非常方便快捷地制作效果如图 10-1 所示的数学考试试卷。

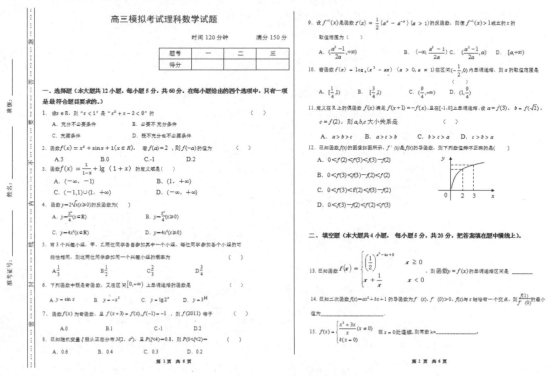

图 10-1　数学考试试卷

背景知识

各类试卷的格式大致相近，一般都包括以下几部分：卷头、试卷的名称和试卷的内容等。试卷内容除了包括一些文字、数字、字母信息外，一般还包括各种公式、图形、图像等特殊信息。

设计思路

在制作考试试卷的过程中，首先为文档设置页面格式，然后编辑试卷内容，制作考试试卷的关键步骤可分解为：

01 编排试卷页面。

02 保存试卷模板。

03 制作试卷。

04 保存试卷。

项目任务 10-1 编排试卷页面

在制作考试试卷时，用户应首先对文档的页面进行编排。

❖ 动手做 1 设置页面

在基于模板创建一篇文档后，系统将会默认给出纸张大小、页面边距、纸张的方向等页面设置。如果用户制作的文档有特殊的页面要求，用户应首先对页面进行设置。

设置考试试卷页面的具体操作步骤如下：

01 创建一个新的文档。

02 在页面布局选项卡的页面设置组中单击纸张大小按钮，打开纸张大小下拉列表，如图 10-2 所示。

03 在纸张大小下拉列表中选择 A3（29.7×42cm），如图 10-2 所示。

04 单击页面布局选项卡的页面设置组右下角的对话框启动器按钮，打开页面设置对话框，单击页边距选项卡，如图 10-3 所示。

图 10-2 设置纸张大小　　　　　图 10-3 设置页边距

05 在页边距区域的上、下、左、右文本框中分别选择或输入 2 厘米；在方向区域选择横向；在装订线文本框中选择或输入 2.5 厘米；在装订线位置列表中选择左。

06 单击确定按钮。

动手做 2 对页面进行分栏

考试试卷一般都分为两栏，对页面进行分栏的具体操作步骤如下：

01 将鼠标光标定位在文档中。

02 单击页面布局选项卡页面设置组中的分栏按钮，打开分栏下拉列表。在分栏列表中单击更多分栏选项，打开分栏对话框，如图 10-4 所示。

03 在分栏对话框的预设区域选中两栏选项，选中栏宽相等和分隔线复选框，在间距文本框中选择或输入 3 字符，在应用于下拉列表中选择整篇文档。

04 单击确定按钮。

动手做 3 编排密封线区域

01 在新建的空白文档中利用 Enter 键创建空白的行，使空白文档显示两页。

02 单击插入选项卡页眉和页脚组中的页眉按钮，打开页眉列表。在页眉列表中选择编辑页眉选项，进入页眉和页脚编辑模式。

03 在设计选项卡的选项组中，选中奇偶页不同复选框。

04 切换到插入选项卡，在文本组中单击文本框按钮，在文本框列表中单击绘制文本框选项，鼠标光标变成"十"字状时，按住鼠标左键拖动，在奇数页的左侧绘制出一个大小合适的文本框，效果如图 10-5 所示。

05 在格式选项卡的文本组中单击文字方向按钮，打开文字方向列表，在列表中选择将所有文字旋转 270°。然后在文本框中输入文本"准考证号：＿ 姓名：＿ 班级：＿"，如图 10-5 所示。

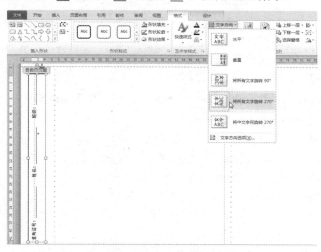

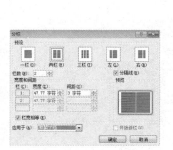

图 10-4 分栏对话框   图 10-5 设置奇数页密封线区域

06 设置文本框无填充颜色，无轮廓，适当调整文本框的大小，设置文本框内的字体为宋体，字号为小四。

07 在奇数页的左侧绘制一个文本框，在文本框中输入文本"密封线内不要答题"，设置第二个文本框的文字方向也为将所有文字旋转 270°。用户可以在这几个文本中间使用省略号"……"，按住 Shift 键，然后再按下字母键上方的数字键 6，可得到省略号。

08 适当调整第二个文本框的大小，并调整第二个文本框和第一个文本框的位置，在奇数页设置密封线的效果如图 10-6 所示。

09 切换到偶数页，在偶数页的右侧绘制一个文本框。在文本框中输入文本"密封线内不要答题"，设置文本框的文字方向为将所有文字旋转 90°。

10 适当调整偶数页文本框的大小和位置，偶数页设置密封线的效果如图 10-7 所示。

图 10-6　设置奇数页密封线效果　　　　　　图 10-7　设置偶数页密封线效果

※ 动手做 4　设置页码

在考试试卷中一般还需要加上页码以便在发放试卷后让参考人员确认试卷页数，考试试卷由于是横向的 A3 纸张，因此一张纸上一般需要设置两个页码。在考试试卷中设置页码的具体操作步骤如下：

01 进入页眉和页脚编辑模式。

02 将鼠标光标定位在奇数页页脚区域的左侧。

03 切换到设计选项卡，在位置组中的页脚底端距离文本框中选择或输入 1.5 厘米。

04 在页眉和页脚组中单击页码按钮，打开页码列表。在页码列表中选择当前位置选项，在当前位置列表中选择 X/Y 选项，则在页脚处插入页码"1/2"。

05 将鼠标光标定位在"1"的前面，然后输入文本"第"，删除斜杠/，然后在 1 和 2 中间输入文本"页 共"，最后在"2"的后面输入文本页，插入页码的效果如图 10-8 所示。

06 这种插入页码的方式在一张纸上只能显示相同的页码，用户可以利用域在一张纸上显示两个页码。用鼠标选中数字"1"，按住 **Ctrl+F9** 组合键在"1"的外面插入域记号（一对大括号），如图 10-9 所示。

图 10-8　在奇数页左端插入页码的效果

07 在大括号内"1"的前面输入"="，然后在"1"的后面输入"*2-1"，如图 10-9 所示。

08 用鼠标选中数字"2"，按住 **Ctrl+F9** 组合键在"2"的外面插入域记号（一对大括号），在大括号内"2"的前面输入"="，然后在"2"的后面输入"*2"，如图 10-10 所示。

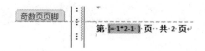

图 10-9　插入域的效果　　　　图 10-10　设置页码的效果

09　在第一个页面的后面继续插入一个 X/Y 页码，用鼠标选中第二个页码的数字"1"，按住 Ctrl+F9 组合键在"1"的外面插入域记号（一对大括号）。在大括号内"1"的前面输入"＝"，然后在"1"的后面输入"*2"。

10　用鼠标选中第二个页码中的数字"2"，按住 Ctrl+F9 组合键在"2"的外面插入域记号（一对大括号），在大括号内"2"的前面输入"＝"，然后在"2"的后面输入"*2"。

11　选中刚插入的域，然后按 F9 键刷新域，域变为普通文本，效果如图 10-11 所示。

图 10-11　在第一张纸上插入两个页码的效果

12　利用空格键或 Tab 键使第一个页码位于第一栏居中位置，使第二个页码位于第二栏居中位置。

13　按照相同的方法在偶数页也插入两个页码，在偶数页插入页码的效果如图 10-12 所示。

第·3·页·共·4·页 → → → → → → → → → 第·4·页·共·4·页↵

图 10-12　在第二张纸上插入两个页码的效果

14　单击关闭组中的关闭页眉和页脚按钮退出页眉页脚的编辑状态。

提示

　　用户要注意，在创建 X/Y 类型的页码时，X 和 Y 本身就是两个插入的域，因此在创建新域并输入域内的公式"=X*2-1"时，一定要保留原来的域"X"，不要输入数字。用户可以选中插入页码时系统插入的页码域，然后按 Shift+F9 组合键查看页码域，如图 10-13 所示。

图 10-13　系统插入的页码域

动手做 5　设置试卷卷头

设置试卷卷头的具体操作步骤如下：

01　将鼠标光标定位在文档第一栏第一行，然后输入文本"高三模拟考试理科数学试题"。

02　在开始选项卡的字体组中设置文本的字体为黑体，字号为小二；单击段落组中的居中按钮。

03　在第二行输入文本"时间 120 分钟　满分 150 分"。

04　将鼠标光标定位在第二行段落中，单击段落组中的右对齐按钮。单击段落组中的行和段落间距按钮，在列表中选择 3.0 选项，如图 10-14 所示。

05　将鼠标光标定位在第三行，切换到插入选项卡。在表格组中单击表格按钮，在插入表格区域拖动鼠标选中 5 行 2 列的表格，松开鼠标在试卷中插入表格，如图 10-15 所示。

图 10-14　设置段落右对齐和行距的效果　　　　　图 10-15　在试卷中插入表格的效果

06 在表格中输入相应的文本，将鼠标光标定位在表格中，将光标移至表格右下角控制点处，当鼠标光标变成 状时，按住鼠标左键拖动鼠标可以整体缩放表格，当表格大小合适时松开鼠标，如图 10-16 所示。

07 将鼠标光标移至表格左上角的控制点处，当鼠标光标变成 状时单击鼠标选中表格。切换到开始选项卡，在段落组中单击右对齐按钮。

08 切换到布局选项卡，在对齐方式组中单击水平对齐按钮，设置试卷卷头的效果如图 10-17 所示。

图 10-16　在试卷中调整表格大小的效果　　　　　图 10-17　设置试卷卷头的效果

项目任务 10-2　保存试卷模板

　　编排好试卷的基本页面后，用户可以将其保存为模板，以后可以基于该模板创建文档制作试卷。

　　将文档保存为模板的具体操作步骤如下：

01 单击文件选项卡，然后单击保存选项，打开另存为对话框，如图 10-18 所示。

02 在保存类型下拉列表中选择 Word 模板选项，在文件名文本框中输入高中数学试卷模板，选择文档的保存位置为案例与素材\模块 10 \源文件。

03 单击保存按钮，将文档保存为模板。

图 10-18　将试卷保存为模板文件

项目任务 10-3　制作试卷

在保存完模板以后，用户就可以利用这个模板生成多份试卷。

动手做 1　利用试卷模板生成一份试卷

01　进入到保存模板文件的文件夹，用户会发现模板文件的图标和其他的 Word 文档图标有所不同。将鼠标光标指向模板文件时，在屏幕上显示出的信息类型则为 Microsoft Word 模板，如图 10-19 所示。

02　用鼠标双击该模板文件，将基于"高中数学试卷模板"创建一个新的文档，该文档与刚才保存的模板文件内容一样。

动手做 2　利用 Word 公式功能输入数学公式

利用试卷模板生成试卷的具体操作步骤如下：

利用 Word 的公式功能可以方便地在试卷中输入数学公式，利用公式功能输入数学公式的具体操作步骤如下：

01　如这里输入公式 $x \in R$，则" $x<1$ "是" $x^2+x-2<0$ "，将鼠标光标定位在插入公式的位置。

02　在插入选项卡的符号组中单击公式按钮，此时出现在此处键入公式框，并自动切换到公式工具的设计选项卡，如图 10-20 所示。

图 10-19　模板文件图标

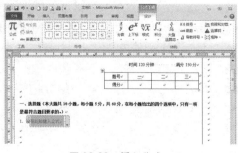

图 10-20　插入公式

03　因为此公式第一项数学符号为包含于，在符号组中单击符号列表右侧的下三角箭头，打开基础数学符号列表，在列表中单击包含于符号，则在在此处键入公式框中插入一个包含于数学符号，如

图 10-21 所示。

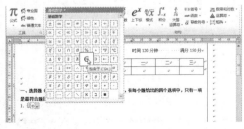

图 10-21　插入包含于数学符号

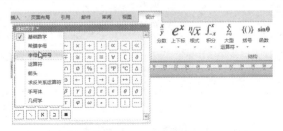

图 10-22　选择插入符号的类型

04 在符号 ∈ 的前面输入 x，在符号 ∈ 的后面输入 R，然后继续输入公式中的其他项。在输入 "<" 时，用户可以在基础数学符号列表中选择，在输入 "x^2" 时，用户可以单击结构组中的上下标按钮，然后在常用的上标和下标列表中选择 x^2，其效果如图 10-23 所示。

05 选中公式中的 x，然后切换到开始选项卡，在字体组中设置 x 的字体为 Times New Roman，单击倾斜按钮，则 x 变为 *x* 样式，这样看起来更符合日常书写的习惯，在公式后面输入该题目的其他内容，最终效果如图 10-24 所示。

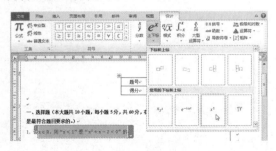

图 10-23　插入上标

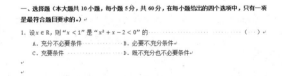

图 10-24　输入第一题公式的效果

06 这里继续输入公式 "$f(x) = x3+\sin x+1\ (x∈R)$"，将鼠标光标定位在插入公式的位置。

07 在插入选项卡的符号组中单击公式按钮，此时出现在此处键入公式框。首先输入 "f（x）="，然后单击结构组中的上下标按钮，在上标和下标列表中选择上标，此时在公式中插入一个上标符号，其效果如图 10-25 所示。

08 选中上标中的基础文字框，然后输入 x，选中上标中的上标文字框，然后输入 3。

09 继续输入加号，然后单击结构组中的函数按钮，在三角函数列表中选择正弦函数，此时在公式中插入一个正弦函数，如图 10-26 所示。

10 在正弦函数的数字框中输入 x，继续输入公式的其他项，输入第二题公式的最终效果如图 10-27 所示。

11 这里继续输入公式 "$f(x) = \dfrac{1}{1-x} + \lg(1+x)$"，将鼠标光标定位在插入公式的位置。

12 在插入选项卡的符号组中单击公式按钮，此时出现在此处键入公式框。首先输入 "f（x）

="，然后单击结构组中的分数按钮，在分数列表中选择分数（竖式），此时在公式中插入分数符号，如图 10-28 所示。

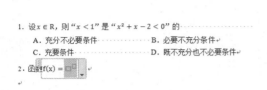

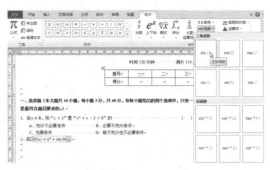

图 10-25　插入上标符号　　　　　　　　　　图 10-26　插入正弦函数

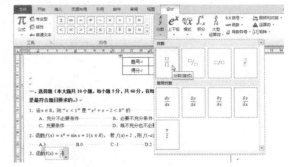

图 10-27　输入第二题公式的效果　　　　　　图 10-28　插入分数符号

13 选中分数中的分母文字框，然后输入 1-x，选中分数中的分子文字框，然后输入 1。

14 继续输入公式的其他项，输入第三题公式的最终效果如图 10-29 所示。

❖ 动手做 3　绘制数学图形

用户可以利用 Word 的绘图功能来绘制考试试卷中的数学图形，例如对选择题的第 12 题绘制数学图形，具体操作步骤如下：

01 单击插入选项卡插图组中的形状按钮，打开形状下拉列表。

02 在形状列表中的线条区域中单击直线按钮，此时鼠标光标变为"十"字状，按住 Shift 键绘制一条水平直线。然后再绘制一条与水平直线垂直的竖线，如图 10-30 所示。

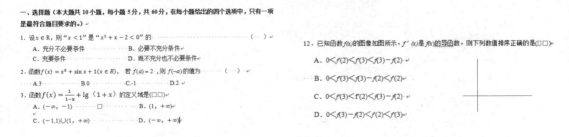

图 10-29　输入第三题公式的效果　　　　　　图 10-30　绘制两条垂直相交的直线

03 选中水平直线，在格式选项卡的形状样式组中单击形状轮廓按钮，打开形状轮廓列表，如图 10-31 所示。

04 在主题颜色区域选中黑色，在粗细列表中选择 1 磅，在箭头列表中选择箭头样式 5。按照相同的方法设置竖线的颜色为黑色，粗细为 1 磅，在箭头列表中选择箭头样式 6。

05 单击插入选项卡插图组中的形状按钮，在形状列表中的线条区域中单击曲线按钮。在曲线的开始处按住鼠标然后拖动鼠标到曲线的第一个定点，松开鼠标，继续拖动鼠标绘制曲线，到达曲线的第二个顶点处单击鼠标，然后继续拖动鼠标绘制曲线，曲线绘制结束后双击鼠标，绘制曲线的效果如图 10-32 所示。

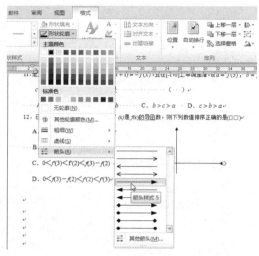

图 10-31 设置直线

图 10-32 绘制曲线的效果

06 选中曲线，在格式选项卡的形状样式组中单击形状轮廓按钮，打开形状轮廓列表。在主题颜色区域选中黑色，在粗细列表中选择 1 磅。

07 绘制四条直线。

08 选中直线，在格式选项卡的形状样式组中单击形状轮廓按钮，打开形状轮廓列表。在主题颜色区域选中黑色，在粗细列表中选择 1 磅，在虚线列表中选择短画线，如图 10-33 所示。

09 单击插入选项卡文本组中的文本框按钮，在打开的下拉列表中单击绘制文本框选项，当鼠标光标变成"十"状时，按住鼠标左键拖动，绘制出一个大小合适的文本框。在文本框中输入文本"0"，如图 10-34 所示。

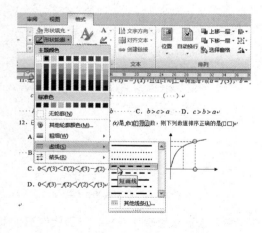

图 10-33 绘制虚线的效果

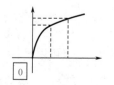

图 10-34 绘制文本框

10 选中文本框，在格式选项卡形状样式组中单击形状填充按钮，在形状填充列表中选择无填充颜色。

11 选中文本框，在格式选项卡形状样式组中单击形状轮廓按钮，在形状轮廓列表中选择无轮廓。

12 按照相同的方法再绘制 4 个文本框并输入相应文本，设置文本框无填充颜色，无轮廓。绘制数学图形的最终效果如图 10-35 所示。

12．已知函数 $f(x)$ 的图像如图所示，$f'(x)$ 是 $f(x)$ 的导函数，则下列数值排序正确的是（□□）

A．$0 < f'(2) < f'(3) < f(3) - f(2)$

B．$0 < f'(3) < f(3) - f(2) < f'(2)$

C．$0 < f'(3) < f'(2) < f(3) - f(2)$

D．$0 < f(3) - f(2) < f'(2) < f'(3)$

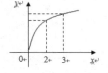

图 10-35　绘制数学图形的最终效果

项目任务 10-4　保存试卷

在把试卷制作完成后需要对其进行保存，保存试卷的具体操作步骤如下：

01 在文件选项卡中单击保存选项，或在快速访问栏上单击保存按钮，打开另存为对话框。

02 在另存为对话框中选择文档的保存位置，这里选择案例与素材\模块 10 \源文件文件夹。

03 在文件名文本框中输入新的文档名高三模拟考试理科数学试题。

04 单击保存按钮。

知识拓展

通过前面的任务主要学习了 Word 2010 综合应用的操作，另外还有一些 Word 2010 的操作在前面的任务中没有运用到，下面就介绍一下。

动手做 1　插入文件中的文字

在 Word 2010 中用户可以在当前文档中插入另一个文档中的文字，具体操作步骤如下：

01 在插入选项卡文本组中单击对象右侧的下三角箭头，在列表中选择文件中的文字选项，打开插入文件对话框，如图 10-36 所示。

02 在对话框中选中要插入的文件，单击范围按钮，打开输入文字对话框，在对话框中可以输入书签的名称或单元格的范围，如图 10-37 所示。

03 单击确定按钮，返回插入文件对话框，单击插入按钮，则选定文件中的文本被插入到当前文档中。

动手做 2　插入对象

在 Word 2010 文档中，可以将整个文件作为对象插入到当前文档中。嵌入到 Word 2010 文档中的文件对象可以使用原始程序进行编辑。这里以在 Word 2010 文档中插入 Excel 文件为例来介绍一下，具体操作步骤如下：

图 10-36　插入文件对话框

图 10-37　输入文字对话框

01　在插入选项卡文本组中单击对象右侧的下三角箭头，在列表中选择对象选项，打开对象对话框，选择由文件创建选项卡，如图 10-38 所示。

图 10-38　对象对话框

02　单击浏览按钮，打开浏览对话框，查找并选中需要插入到 Word 2010 文档中的 Excel 文件。

03　单击插入按钮，返回对象对话框，单击确定按钮，返回 Word 2010 文档窗口，用户可以看到插入到当前文档窗口中的 Excel 文件对象。

04　默认情况下，插入到 Word 文档窗口中的对象以图片的形式存在，双击对象即可打开该文件的原始程序对其进行编辑，如图 10-39 所示。在源程序中用户可以对对象的数据进行修改，修改完毕，在源程序外单击鼠标回到原状态。

　　　在插入对象时，如果选中链接到文件选项，则插入一个链接对象。链接对象和嵌入对象之间的主要差别在于数据存储于何处，以及在将数据放入目标文件后如何进行更新。在链接对象的情况下，只有在修改源文件时才会更新信息。链接的数据存储于源文件中，目标文件中仅储存源文件的地址，并显示链接数据的表象。如果用户比较注重文档大小，则可以使用链接对象。在嵌入对象的情况下，修改源文件不会改变目标文件中的信息。嵌入对象是目标文件的一部分，一旦插入，就不再与源文档有任何关系。

❖ 动手做 3　在 Word 中调用 Excel 资源

　　　用户使用剪贴板可以轻易地把 Excel 中的表格粘贴到 Word 中，并且还可以建立链接关系。在 Excel 中选中要应用的数据，单击开始选项卡剪贴板组中的复制按钮，切换到 Word 中，单

击开始选项卡剪贴板组中的粘贴按钮，选中的数据将被粘贴到文档中。此时在粘贴数据的一旁
会出现智能标签，单击标签，出现一个如图 10-40 所示的菜单。在菜单中用户可以选择粘贴的
各种选项，默认是保留源格式，即保留在 Excel 中的格式，如果在菜单中选择链接与使用目标
格式或链接与保留源格式则可以在粘贴数据和源数据之间建立链接关系，此时如果改变源数据
将会影响到粘贴的数据。如果选择其他的选项则在源数据和粘贴的数据之间不能建立链接关系。

图 10-39　在文档中插入 Excel 文件对象的效果

　　其实用户可以在源数据和粘贴数据之间建立多种形式的链接模式，在
Excel 中复制数据后，在 Word 中单击开始选项卡剪贴板组中的粘贴按钮下
面的三角箭头，在列表中选择选择性粘贴命令，打开选择性粘贴对话框，
在对话框中选择粘贴链接单选按钮，则在形式列表框中列出了多种形式的
链接模式，如图 10-41 所示。

图 10-40　粘贴选项

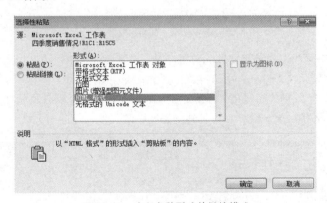

图 10-41　建立多种形式的链接模式

在形式列表中各种模式的作用如下：

● Microsoft Excel 工作表 对象：粘贴数据作为 Word 中的一个 Excel 对象，双击对象出现
　源数据程序，用户可以对源数据进行编辑，此编辑影响到 Word 中的数据。
● 带格式文本：粘贴数据作为一个具有与来源数据相同的格式化表格数据，在当前文档中
　无法打开源数据，但如果表格中的数据变化将会影响到 Word 中的数据。

- 无格式文本：粘贴数据作为一个没有格式的表格数据，在当前文档中无法打开源数据，但如果表格中的数据变化将会影响到 Word 中的数据。
- 位图：粘贴数据作为一个以位图方式来呈现的图片数据，双击图片，出现源数据程序，用户可以对源数据进行编辑，此编辑影响到 Word 中的数据。
- 图片（Windows 图元文件）：粘贴数据作为一个图片数据，双击图片，出现源数据程序，用户可以对源数据进行编辑，此编辑影响到 Word 中的数据。
- HTML 文本：粘贴数据作为一个以 HTML 格式来显示的格式化表格数据，在当前文档中无法打开源数据，但表格中的数据变化将会影响到 Word 中的数据。
- 无格式的 Unicode 文本：粘贴数据作为一个没有格式而数据为 Unicode 的表格数据，在当前文档中无法打开源数据，但表格中的数据变化将会影响到 Word 中的数据。

动手做 4　应用超级链接

在文档中可以通过应用超级链接来实现跳转，通过插入超级链接，可以在同一文档的不同位置之间、不同文档之间、文档与邮件之间进行随意跳转阅读，这样可以帮助用户提高浏览的速率。

在文档中创建超级链接的具体步骤如下：

01　在文档中选中要插入链接的文本。

02　切换到插入选项卡，在链接组中单击插入超链接按钮，打开插入超链接对话框，如图 10-42 所示。

图 10-42　插入超链接对话框

03　在链接到列表中可以选择链接文件的位置，如选择现有文件或网页，然后在查找范围列表中选择文件的具体位置，最后在文件列表中选择链接到的文件。

04　单击确定按钮，完成创建超链接的操作。这样再移动鼠标光标到设置超链接的文本上时，鼠标指针将变为"手"的形状，单击鼠标后，可转到链接到的文件。

课后练习与指导

一、简答题

1．如何将一个文档保存为模板文件？

2．如何设置文本框中的文字方向？

3．如何为文档中的某些文字应用超级链接？

4．在 Word 中粘贴 Excel 表格中的部分数据，如何使它们保持链接关系？

5．如何在文档中插入另外一个文档中的文字？

6. 如何将整个 Excel 表格作为对象插入到文档中？

7. 在文档中插入域记号（一对大括号）时可以使用什么组合键？

8. 按什么组合键可以查看域代码？

二、实践题

在文档中制作如图 10-43 所示的公式。

$$(x+a)^n = \sum_{k=0}^{n} \binom{n}{k} x^k a^{n-k}$$

$$\int_{\infty}^{\infty} e^{-x^2} dx = \left[\int_{-\infty}^{\infty} e^{-x^2} dx \int_{-\infty}^{\infty} e^{-y^2} dy \right]^{1/2}$$

$$= \left[\int_0^{2\pi} \int_0^{\infty} e^{-r^2} r dr d\theta \right]^{1/2}$$

$$= \left[\pi \int_0^{\infty} e^{-u} du \right]$$

$$= \sqrt{\pi}$$

图 10-43　制作的公式

1. 利用内置公式的功能插入二项式定理公式。

2. 利用 Office.com 中其他公式的功能插入高斯积分公式。

效果位置：案例与素材\模块 10\源文件\公式。

反侵权盗版声明

  电子工业出版社依法对本作品享有专有出版权。任何未经权利人书面许可，复制、销售或通过信息网络传播本作品的行为；歪曲、篡改、剽窃本作品的行为，均违反《中华人民共和国著作权法》，其行为人应承担相应的民事责任和行政责任，构成犯罪的，将被依法追究刑事责任。

  为了维护市场秩序，保护权利人的合法权益，我社将依法查处和打击侵权盗版的单位和个人。欢迎社会各界人士积极举报侵权盗版行为，本社将奖励举报有功人员，并保证举报人的信息不被泄露。

举报电话：（010）88254396；（010）88258888

传　　真：（010）88254397

E-mail:　dbqq@phei.com.cn

通信地址：北京市万寿路 173 信箱

     电子工业出版社总编办公室

邮　　编：100036